室内犬の
飼い方・しつけ方
BOOK

佐藤真貴子 監修

成美堂出版

おうちでワンコと生活！

気になる8つの疑問を解決！

疑問1 マンションでも飼えますか？

P16–17 ●部屋の準備
P72–79 ●基本のしつけ①②③

現在では「ペット飼育OK」のマンションも多くみられます。ただし、「小型犬のみ可」「1頭のみ可」など細かく定められていることがあるので、お住まいの管理規約の内容をきちんと確認しましょう。

犬のハウスやサークル、トイレを置くなど環境さえ整えれば、室内で飼うことはなんの問題もありません。うるさく吠え続けるなど、近所迷惑にならないように基本のしつけをしっかりしましょう。

室内飼いのほうがしつけやすく、コミュニケーションもとりやすくなります。散歩や外出でリフレッシュさせてあげれば、室内飼いはワンコにとっても快適な生活になります。

はじめはサークルで囲って練習し、
最終的にトイレトレーでできるようになるのが目標。

疑問2 トイレはどこでさせたらいいですか？

散歩中に道や公園などで犬に排泄させるのは、不衛生で近所迷惑になります。犬のしつけや健康管理のためにも、トイレは家でさせましょう。

犬専用のトイレトレーにペットシーツをセットして、室内に置いて使います。トイレ・トレーニングは家にきた日からはじめます。

はじめはサークルで囲って練習し、できるようになったら、トイレトレーを置いてできるようにするとよいでしょう。

➡ P48-49 ●トイレ・トレーニング
P119 ●トイレ・トレーニングのやり直し

疑問3 散歩は毎日行くのですか？

散歩は毎日行かなくてもOK。
飼い主が行きたいときに行こう。

ワンコ暮らしの楽しみのひとつが、一緒に出かける散歩です。でも、雨の日も雪の日も熱がある日も、毎日行かなければいけないわけではありません。

散歩は犬に運動させたり、排泄させたりするのが目的ではないのです。「大型犬だから1時間は運動させなければ…」などということもありません。

散歩は犬にとっては、外の風に触れて季節を感じたり、飼い主さんと遊んだりするレクリエーションです。あくまでも楽しみとして考えればOKです。

➡ P96-97 ●散歩は楽しいレクリエーション

疑問4 日中、留守でも飼えますか？

普段からサークルやハウスで過ごさせて、留守番もそこでさせればOK！

ひとり暮らしや夫婦ともに働いて日中が留守であっても、犬を飼うことはできます。ただし、普段からハウスのしつけをして、落ち着いて留守番できるようにすることが大切。そのぶん、休日や家にいるときは、たっぷりコミュニケーションをとりましょう。

しかし、子犬を家に迎える当初は、しばらく留守にするのはむずかしいでしょう。ゴハンの世話やトイレのしつけなどもあり、子犬にいきなり長時間の留守番をさせるのはおすすめしません。お休みの日程などを考慮して、最低でも1週間ほど家にいられる日に子犬を迎えられるように、スケジュールを立てることが大切です。

➡ P36-37 ●子犬がわが家にやってくる！
P60-61 ●留守番トレーニング
P122 ●おとなしく留守番ができません

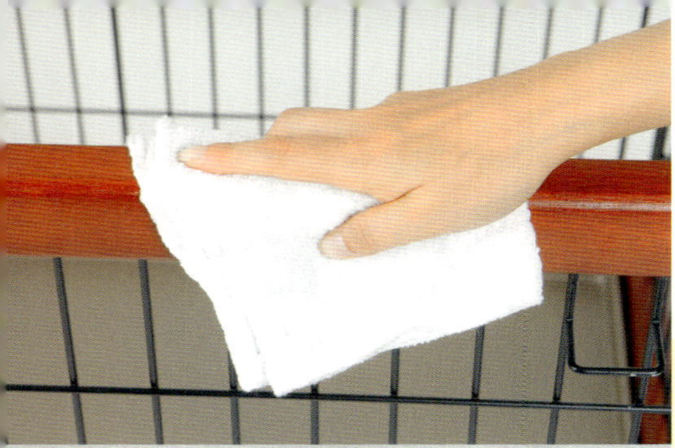

サークルやハウス、トイレトレーはこまめにそうじすることで匂いを防止。

抜け毛のそうじには、ローラー式粘着テープなどが便利！

疑問 5 室内飼いだと抜け毛や匂いが気になります

犬は抜け毛が多く、とくに季節の変わりめ、春と秋の２度ある換毛期は大量に毛が抜けます。ブラッシングのお手入れをしながら、まめなそうじが必要です。トイ・プードルのように抜け毛が少ない犬種もいるので、気になる場合は犬種選びのポイントにするのもよいでしょう。

室内飼いの匂いをどのくらい気にするかは人それぞれですが、シャンプーを定期的に行なえば、それほど問題ありません。部屋はこまめに換気し、そうじ機をしっかりかけることも大切です。

→ **P142** ●室内犬の匂い＆抜け毛対策

疑問 6 室内飼いには小型犬がいいのですか？

小型犬は小さめのハウスやサークルでも飼えるので、室内で飼いやすいともいえます。しかし、小型犬は体が小さいぶん警戒心が強いため、ムダ吠えが多いこともあります。

大型犬は、当然ハウスもトイレも大きくなりますが、置くスペースが確保できれば大丈夫。室内で走り回るわけではないので、広い部屋でないと飼えないということはありません。エサ代やペットシーツ代などは、大型犬のほうがかかる場合が多いでしょう。

犬種や個体によってもちがうので、いちがいに小型犬のほうが室内飼いに向くというわけではありません。

→ **P14–15** ●室内で飼うなら、どんな犬種がいい？
P164–175 ●人気の室内犬 28種カタログ

室内でも、小型犬、大型犬、どちらでも飼えますが、集合住宅の人は管理規約を確認しておきましょう。

ワンコとどんな暮らしがしたいかによって、犬種を選ぶとよいでしょう。

疑問7 家族に合わせたワンコ選びを教えて！

飼う犬種は、どんなワンコ暮らしをしたいのかによって考えましょう。犬種はその種がつくられた目的によって10のグループに分けられているので、犬種選びの参考になります。

愛玩犬として小型化されたコンパニオン・ドッグ、トイ・ドッグのグループは、ひとり暮らしから子どもがいるファミリーまで、どんな家族にもよいでしょう。アウトドアが好きで犬と一緒に外遊びを楽しみたいなら、レトリーバーなどの狩猟犬がよいかもしれません。また、大型犬は車がないと病気のときなど、移動が大変です。お手入れの手間なども考え、ライフスタイルに合う犬種を選びましょう。

→ P14–15 ●室内で飼うなら、どんな犬種がいい？
P162–175 ●どんなワンコと暮らす？　犬種ガイド

疑問8 どんなことに費用がかかる？

犬を飼うなら、費用のことも考えておくべきです。まずはじめに、サークル、ハウス、トイレトレー、首輪やリードなどのグッズをそろえる必要があります。さらに、普段の生活にかかるフードのほか、ペットシーツのような消耗品の費用がかかります。

忘れてはならないのが、健康管理のための費用です。毎年のワクチン接種のほか、定期的な健康診断も必要です。突然のケガや病気のときの病院代は、日頃から用意しておきましょう。

→ P13 ●飼育にかかる費用は大丈夫？
P153 ●ペット保険に加入しておくと安心

飼育グッズやエサ代、ペットシーツ代のほか、医療費も準備しておきましょう。

CONTENTS

part 1 室内でワンコと暮らそう！

part 2 子犬がやってくる！

part 3

賢く育つ！子犬のしつけ

part 4

基本のしつけとトレーニング

part 5

ワンコが喜ぶ！散歩と遊び

part 6

こんなときどうする？トラブル対処法

part 7
室内犬のゴハンとおやつ

part 8
室内犬のお手入れ&マッサージ

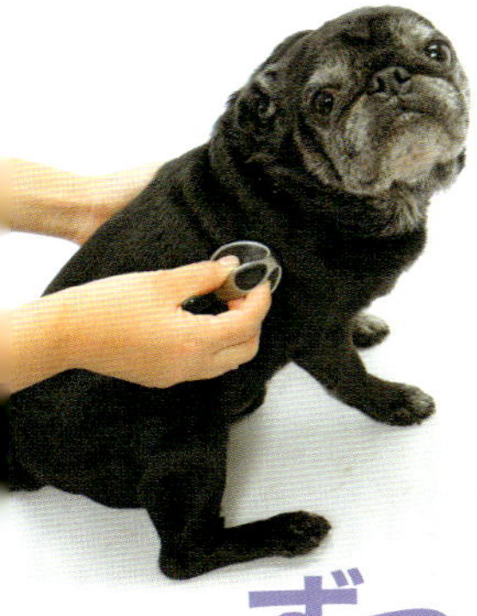

part 9
ずっと元気に!室内犬の健康管理

part 10

どんなワンコと暮らす？犬種ガイド

part 1

室内でワンコと暮らそう！

おうちで犬となかよく暮らそう！

心を豊かにしてくれる室内犬との暮らし

犬と暮らしはじめると、あなたの生活にはうれしい変化がいくつも出てきます。まず何といっても、ワンコのかわいい表情やしぐさは、見ているだけで心が癒されるでしょう。

また、犬の話題で、家族や友人との会話がはずむようになります。さらに散歩に一緒に出かけることで、自ずと飼い主さんも体を動かす習慣がつくというメリットも。犬との暮らしは、確実に心に潤いをもたらし、生活を豊かにしてくれるのです。

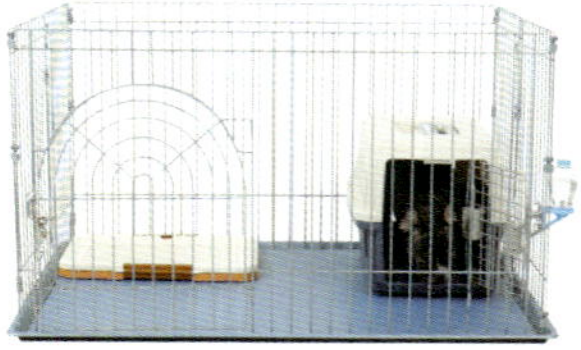

部屋が狭くてもOK。ワンコ用ハウスやサークルを用意しよう。

室内でOK！広い家でなくても大丈夫

以前は、犬を飼うというと庭などの犬小屋で飼うことがあたり前でした。しかし最近は室内飼いがメインになってきています。「狭い室内で飼われるのは、犬にとって不幸なのでは？」と思う人もいるかもしれませんが、そんなことはありません。

犬は社会性の強い動物で、飼い主家族の近くにいられることが無上の喜び。きちんとワンコがくつろげるハウスやトイレなどの住環境を整えてあげれば、まったく問題ありません。

ワンコを飼う前に確認しておきたいこと

「犬と暮らす」のはとても楽しいことですが、同時に飼い主には責任も生じます。あなたのおうちにきたワンコが幸せに過ごせるように、いくつかのことを確認しておきましょう。

1 家族全員が同意している？

家族の中に犬が苦手な人がいると、飼いはじめてからトラブルになる可能性があります。また「子どもが飼いたいというから」と、安易な気持ちで犬を飼うケースもあります。しかし、世話はお母さんの仕事になってしまうのでは困りものです。飼いはじめる前に家族全員が同意し、世話をみんなで分担できるようにしておくのが理想的。

2 老犬になるまで、ずっと飼える？

犬の平均寿命は約12～18年。長生きすると15～20年近く生活を共にすることに。最初はかわいいからと飼いはじめても、年齢を重ねてくれば病気をすることもあります。また飼い主さんの側にも、生活に変化が起きることもあるでしょう。犬と暮らしはじめるときは、10年、20年先まで責任を持って飼えるかよく考えておきましょう。

集合住宅で飼う場合

マンションなどで犬を飼う場合は、「ペット禁止」「体重○キロ以下まで飼育可能」などの項目が管理規約にないかチェック。また子犬を迎える前には、近隣の人に犬を飼うことを知らせて、あいさつしておきましょう。「しつけができるまでは、うるさいかもしれませんが」と断っておけば、トラブルの予防にもなるはずです。

3 愛情と時間をかけられる？

愛犬にゴハンをあげたり、散歩したりするのは飼い主にとって楽しいこと。でもそれが毎日、何年も続きます。犬との暮らしでは、しつけも欠かせません。犬によっては、しつけに時間がかかることもあるでしょう。でも、犬と暮らすということは、どんなことがあっても世話を毎日して、変わらぬ愛情を注いでいかねばなりません。

4 飼育にかかる費用は大丈夫？

飼いはじめる前に、飼育にかかる費用も確認しておきましょう。最初にかかる準備段階の費用だけでなく、飼いはじめればエサ代、ペットシーツ、おもちゃなどの消耗品代もかかります。健康診断や予防接種も必要です。だいたいの目安を知っておきましょう。

初期費用の目安

- 畜犬登録料 ➡ 3,000円（自治体により異なる）
- 飼育グッズ（ハウス、サークル、トイレ、食器、首輪など）➡ 30,000～40,000円（大型犬のほうがサイズが大きくなるぶん、割高に）

定期的にかかる費用の目安

- ドッグフード（1か月分）➡ 3,000～6,000円（大型犬のほうが多くかかる）
- ペットシーツ（1か月分）➡ 約4,000円
- 狂犬病予防接種（年1回）➡ 約3,550円
- 健康診断 ➡ 約3,000円～／回（病院、検査項目によって異なる）
- 混合ワクチン ➡ 約8,000円／回（1年目は2～3回接種が必要）
- フィラリア予防薬 ➡ 1,000～4,000円／月

※このほか、おもちゃ、シャンプーや消臭剤などの消耗品などにも費用がかかる。また、犬種によってトリミング代が必要。

室内で飼うなら、どんな犬種がいい？

犬種によってちがう！特徴、性質を知ることが大切

犬の種類は、およそ800（国際畜犬連盟公認犬種は約340種）はあるといわれています。ペットとして人気がある犬種のほとんどは、飼育の目的に応じて人間が改良を加えているため、外見のみならず性質にもちがいがあります。

特定の仕事をするために強化された性質は、その犬の性格や行動にも深い影響を及ぼします。

もともとの犬種別の特徴や性質を知っていれば、飼いはじめてからすぐにワンコとつき合いやすくなることでしょう。

成犬から飼うのも選択肢のひとつ

子犬はとてもかわいくて、成長過程を見守るのは楽しいものです。しかし、しつけをしたり、成長に応じたお世話をするのはけっこう大変なもの。ある程度しつけをされている成犬を、知人や動物愛護団体などから譲り受けるというのもひとつの方法です。

大きさ、毛の長さ、性別、しつけのしやすさなどがポイント

室内で飼う場合、いくつかの犬種選びのポイントがあります。まず体の大きさ。大型犬は力が強いので、しつけがしっかりできていないと、ケガやトラブルを引き起こすことも。マンションで飼育する場合は、管理規約に「小型犬ならば飼育してもよい」という制限がある場合もあります。

長毛のワンコは、短毛種に比べて日々のお手入れに手間がかかります。定期的にトリミングが必要な犬種もあります。またオスとメスの性差や、犬種によって異なる性質などもどんな犬を選ぶかを考える上では欠かせません。

純血種 or ミックス 飼いやすさにちがいはある？

犬種選びでは、純血種のほかにミックス（雑種）も選択肢のひとつです。ミックスだからといって訓練能力が劣ることはありません。ミックスは一般家庭で生まれていることが多いので、あなたの家にくる前に母犬やきょうだい犬と過ごしたり、人間とのふれあいも体験して、社会性が身につきやすいというメリットがあります。

いずれにしても、愛情を持って接して、しっかりしつけをしていけば、純血種でもミックスでも飼いやすさに大きな変わりはありません。

大型犬と小型犬、どちらがいい？

大型犬は体が大きいから、広い家でなければ飼えないのでは？と思うかもしれませんが、そんなことはありません。散歩や屋外での運動をしっかりさせてあげられるならば、家の広さはそんなに問題ありません。

小型犬は体が小さいので扱いやすい反面、犬種によっては神経質な犬も多く、甘やかすと、かんだり吠えたりすることも。メリットとデメリットを考えた上で、大型犬か小型犬かを決めましょう。

大型犬

メリット

○温厚で落ち着いた性格の犬種が多い

デメリット

✕食事代が小型犬よりかかる

✕力が強いので、しつけをしっかりしないとケガやトラブルを引き起こすことも

小型犬

メリット

○体が小さく、扱いやすい

デメリット

✕しつけをしっかりしないと、落ち着きなく吠えたり、かみグセがつくことも

✕体がきゃしゃなので、骨折などケガをしやすい

長毛種と短毛種のちがいはある？

犬の被毛は、ロングコート（長毛）とショートコート（短毛）の２タイプに分かれます。毎日のお手入れは、断然短毛種のほうがラクです。長毛種は美しい被毛を保つために、毎日ブラシをかけてあげなくてはなりません。

ただし柴犬やパグなど、被毛は短くても、抜け毛が多い犬種もいます。長毛も短毛も、換毛の時期にはしっかりブラッシングしてあげる必要があるでしょう。

長毛種はまめなブラッシングが必要。
短毛種でも抜け毛が多い犬種がある。

オス？　それともメスにする？

オスは活発で、なわばり意識が強く、ほかの犬への攻撃性が強い個体も。またメスはおとなしい個体が多く初心者でも飼いやすいといわれますが、やや気難しい一面があることも。これらは一般的な特徴であり、個体差も多いので一概にはどちらが飼いやすいとはいえません。

また去勢・避妊手術を行えば、オスのマーキングやマウンティング、メスの発情期などの問題も軽減または解消されます。

（オスの特徴）

♂

★やんちゃで気が強い、力が強い

★なわばり意識が強い

★体力があるので、運動量が多い

（メスの特徴）

♀

★おとなしい性格のコが比較的多い

★やや神経質な面がある

★オスに比べると、運動量が少ない

愛犬と暮らす
部屋の準備

犬と暮らすためには、犬も人間も快適で安全な環境作りが欠かせません。
ワンコがストレスなく過ごせる部屋作りを心がけましょう。

安全に暮らすための部屋作りの鉄則

フローリングの床には、滑らない床材を

フローリングの床は滑りやすく、犬がケガをする危険もあります。できれば全面にカーペットなどの滑らない材質の床材を敷いておきましょう。厚手のカーペットやマットを敷くと、犬の足腰の負担をやわらげると同時に、マンションなど集合住宅では下の階に音が響きにくくなり、防音効果も期待できます。

コンセントにはカバーを

電気コードのコンセントプラグのさしこみ口は、ちょうど子犬の目線の高さにあります。好奇心からかじってしまうことが多いのですが、感電したら大変です。コンセントカバーをつけたり、コードは家具の後ろに通すなど、犬の目につかないように注意しましょう。

余計なものを片づけ、部屋を整理整頓

物をかじる、走り回る、いたずらをする。これらは子犬が本能的にする行動です。かじったり、いたずらされたくないものは犬が届かない場所に片づけておきましょう。また子犬のうちは誤飲や骨折などの事故も多いので、室内に危険がないかしっかり確認を。

犬と人間の安全のために柵を活用

入られると困るキッチンや、落ちる危険がある階段などは、犬が入れないように柵をつけておきましょう。木製のものだとかじることがあるので、鉄製やプラスチック製のものが安心。またペット用でなくても、赤ちゃん用ゲートやサークルなどを使ってもOKです。

危険なものを置かない

クリップやアクセサリーなどの小さなものは、犬が誤って飲み込みやすいので、低いテーブルなどに置きっぱなしにしないよう注意。また口にすると中毒を起こすものもあるので、犬がさわれない場所に移動を。

中毒を起こす原因になるもの

- ×人の医薬品
- ×殺虫剤、漂白剤
- ×ポインセチア、シクラメンなどの中毒性がある植物
- ×洗剤
- ×タバコ
- ×保冷剤など

おうちの中のココをチェック！

階段にはすべり止めマットを
階段を使う必要がある場合は、安全のためにすべり止めマットを敷く。

危ない場所には柵を設置
キッチンや書斎など犬を入れたくない場所には、柵をつけておく。

温度や湿度を管理する
犬は体温調整が苦手なので、エアコンなどを使い、室温や湿度を快適な状態に保つこと。

トイレを設置
最初はハウスの近くにトイレを置いたほうが、しつけがしやすい。

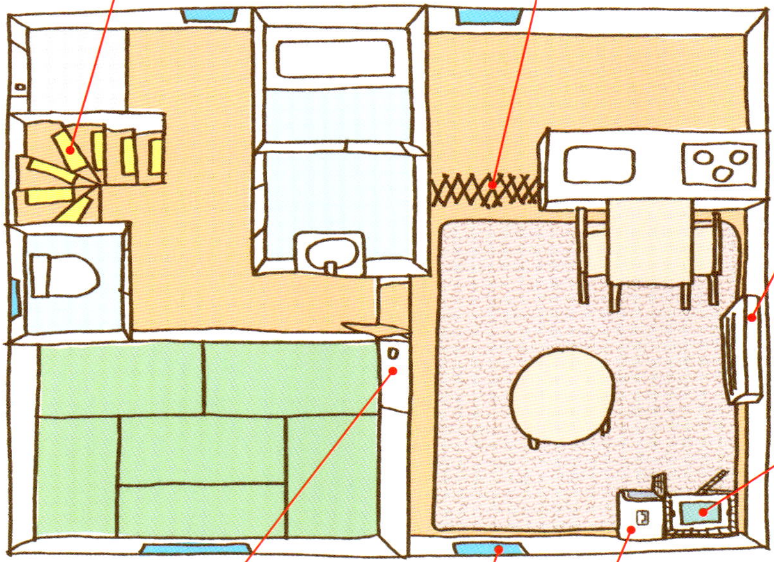

入れたくない部屋の扉は閉める
いたずら防止のためにも、犬に入られたくない部屋の扉は、常にしっかり閉めておく。

換気はしっかりと
部屋はこまめに窓を開けて換気して、匂いがこもらないように。空気清浄器などを活用するのもおすすめ。

トイレは覚えたら、移動してもOK
お風呂場や洗面所などの水回りに置くと、掃除もラクで匂いも気にならない。ただし頻繁に場所は変えないこと。

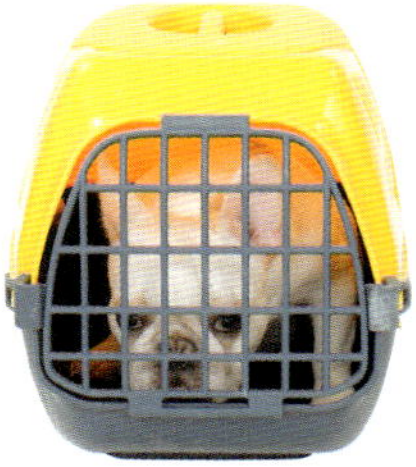

ハウスは目が行き届く場所に
明るく風通しがよく、家族の目が届くリビングの壁際などが理想的。エアコンの風や直射日光があたる場所は避ける。留守がちな場合はサークル内にハウスとトイレを置くとよい。

ワンコが信頼できるリーダーになろう

飼い主の家族みんなが犬のよきリーダーになろう

犬と暮らす上でもっとも大切なことは、「飼い主が犬のよきリーダーになる」こと。犬は飼い主の家族を群れの仲間だと思っています。とてもよく家族の一人ひとりを観察していて、それぞれの人との関係を作ります。十分愛情を注ぎ、信頼関係を深めて、犬が安心して暮らせるようにしてあげましょう。

まちがった順位づけはNG

いつも世話をしてくれるお母さんのいうことはきくけれど、ほかの家族のいうことはきかないというのでは困ります。すべての家族に従えるように、しっかりしつけをしていきましょう。

犬にとっての上下関係はこんなことで決まる！

犬社会には上下関係を表す暗黙のルールがあります。
下記を参照に、人が上位に立つ行動をとるように心がけましょう。

上位のものの行動

- 高いところに登る。
- 快適な場所をとる。
- 足を上げてマーキングをする。
- 下位のものの首の上をくわえる。

下位のものの行動

- 上位のものにいつも注目する。
- あお向けになって、お腹を見せる。
- 場所をゆずる。
- 上位のものが食べたあとに食べる。

わがままワンコは気持ちが落ち着かない

散歩をねだってきたら連れていく、エサを欲しがったらあげる。そんなふうに犬のいうなりになることは、決して犬にとって幸せなことではありません。

こういったつき合い方をしていると、ワンコは自分が群れの中のボスだと勘ちがいしてしまいます。そして何でも自分の思い通りにならないとイライラして、気持ちが落ち着かなくなることに。

逆に人間がしっかりリーダーシップを発揮してあげれば、犬は安心して心穏やかに生活できるのです。

こんな接し方はNG

まちがった接し方をしていると、犬との信頼関係を築くことができません。

●放し飼い
犬を室内で放し飼いにしている人がいますが、これはNG。犬はなわばり意識が強く、放し飼いはあらゆる問題行動の原因になります。安心して過ごせるハウスを室内に用意しましょう。

●過剰に話しかける
犬の社会ではリーダーは寡黙。ネコなで声や甲高い声は、人が下位だと示しているようなものです。主従関係を混乱させることになるので、必要なときだけ、落ち着いて話しかけましょう。

●たたく
犬をたたくなどの体罰はタブー。体罰は犬に恐怖心を与え、混乱させ、信頼関係を損ねてしまいます。一度でもたたくと犬は決して忘れないので注意しましょう。

●叱る・説教する
「なぜできないんだ！」とか「どうしてわからないの？」など、叱ったり、説教されても、犬にはチンプンカンプンです。困った行動の対処法はこちらを参考にしてください。➡ P116~122

“わがまま犬”と“おりこう犬” どちらになるかは飼い主しだい!

人間と犬の共同生活では、ワンコのしつけが欠かせません。
自由奔放に育ててしまうと、飼い主さんが大変なだけでなく、実は犬もストレスを感じている可能性が大。
おりこう犬になるか、わがまま犬になるかは、飼い主の日々の接し方で決まるのです。

✕ オレ様が一番!

わがまま犬の気持ち

おなかがすいたときは、ボクがワンワン吠えれば、家族はすぐにカリカリをくれるんだ。

よそ者がきたら吠えて、なわばりと群れを守らなくちゃいけない。ボスは疲れるよな〜。

散歩のときはぐいぐい引っぱって、先を歩くよ。だって、ボクが家族のリーダーだからさ。

ワンコのつぶやき

あー、うちの家族は
頼りないから、疲れるな〜。
隣のワンコはご主人様が立派で、
うらやましいワン。
気楽でいいな。

○ 家族となかよし!

おりこう犬の気持ち

吠えても知らんぷりで相手にしてくれない。でも寂しくなんかないよ。毅然としたリーダーはカッコイイ!

うちの家族はみんな落ち着いていて、頼りがいがある! みんながボクのリーダーなんだワン。

ボクはみんなに従えばいいから安心。散歩だってリーダーは正面を見てサッサと歩くよ。

ワンコのつぶやき

家族が頼れる
リーダーだから、安心さ。
いうことをきくとほめてくれるから、
うれしいワン。
のんびり暮らせるな。

ワンコの気持ちを知ろう

1 しつけにも役立つ!! 習性を知る

犬には野生の頃から引き継いでいる習性があります。これを理解することで、ワンコとの生活はスムーズになり、しつけもしやすくなります。

群れで生活する

ペットの犬の祖先である野生の犬は、群れを作って暮らしていました。ペットの犬は飼い主の家族を自分の群れだと思っています。そしてその中で自分の序列をいつも確かめているのです。

犬の祖先は群れで生活していた

犬が家畜化されたのは1万年以上前だといわれています。もともと野生の犬は、力を合わせて狩りを行ない、外敵から身を守って生きてきました。ペットになってもその習性は変わりません。飼い主と犬の関係であっても、人間が犬のリーダーになることで犬は安心できるのです。

リーダーに従う

犬の社会は、リーダーを頂点に、序列のはっきりした縦社会です。そのため犬には服従本能があり、信頼できるリーダーには喜んで従う習性があります。

リーダーになろうとする

犬にとって群れは、自分が生きていくために大切な存在。強力なリーダーがいなければ、群れは存亡の危機に陥ります。そのためペットの犬も、リーダーに適した存在がいないと感じると、自分がリーダーになろうとします。

吠える

誰かが家を訪ねてきたときに激しく吠えるのは、群れを守ろうとする犬の警戒本能。なわばりを侵す外敵を追い払うと同時に、仲間に警告を発しているのです。しかしペットとして暮らす場合は、吠えるのをやめさせるしつけが必要です（P118）。

動くものを追いかける

動くものを追いかけるのは、犬の狩猟本能によるもの。かつて獲物を追いかけていた野生の血が騒ぎ、動くものを見ると逃がさないようにと走り出します。自転車やベビーカー、走っている人などに飛びつこうとすることがあるので、制止できるようにしつけましょう（P103）。またボール遊びなどで、狩猟本能を満足させることも大切です。

匂いをかぐ

犬はさまざまな匂いを記憶し、分析して情報を得ています。ほかの犬と匂いをかぎ合うのは、犬同士のあいさつ。お尻の肛門腺から出る匂いをかぎ合うことで、個体を識別し、確認し合っているのです。

マーキングをする

散歩中などにあちこちにオシッコをかけるマーキングは、なわばりを主張する行動。オスは7〜8か月頃から、片脚を上げてマーキングするようになります。本能とはいえ、散歩中にあちこちオシッコをかけるのは困りものです。散歩の際はリーダーウォーク（P99）で歩き、むやみにマーキングをさせないようにしましょう。

穴を掘る

犬は穴を掘ってエサやおもちゃを隠したり、穴の中に寝たりということをよくします。これは巣穴を掘ったり、余ったエサを埋めてしまっていた野生時代の名残りです。本能とはいえ、家のあちこちで穴を掘るようなしぐさをするときは、ストレスがたまっているのかもしれません。

2 しぐさでメッセージを送る カーミングシグナル

犬はいろいろなしぐさや鳴き声で、
そのときの気持ちを表しています。
中でもよく見られるしぐさが意味する
犬の気持ちを知っておきましょう。

あくびをする

不安になったり、緊張をほぐしたいとき、相手に敵意がないことを伝えたいときなどにも、あくびをすることがあります。

体を背ける

急に体を背けて横を向くときは、相手の気持ちを落ち着かせようとしてする行動。飼い主にしかられたときや、リードを強く引っぱられたときなどに見られます。

体を振る

体が濡れていないのにブルブルと振るときは、不安や緊張をほぐそうとしています。またおびえているほかの犬に、敵意がないことを伝えるためにすることも。

座る

ほかの犬が近づいてきたときに、座ることで敵意がないことを示そうとします。また自分が不安なとき、気持ちを落ち着かせたいときに座ることも。

目をそらして、そっぽを向く

犬は真正面から見つめられることが苦手。威《い》嚇《かく》されたと感じるからです。目をそらしてそっぽを向くときは、「敵意はない」ことを伝えようとしています。

カーブを描くように歩く

散歩中に見知らぬ犬とすれちがうとき、お互いが体の側面を見せるようにして、カーブを描くように歩くことがあります。これは相手に敵意はないことを伝える行動。

床や地面の匂いをかぐ

緊張をほぐそうとするため、床や地面の匂いをしきりにかぐことがあります。

自分の鼻をなめる

不安を感じたときなどに、自分の鼻をペロペロなめることがあります。またほかの犬が近づいてきたときに、敵意がないことを示すためにすることも。

鳴き声でわかるワンコの気持ち

ワンワンと強く吠えるのは、何かを要求したり警戒したりしているとき。ゴハンや散歩の催促で吠えることも。鼻にシワを寄せてウーッとうなるのは、相手を威嚇しているとき。

さみしいときや、甘えているときの鳴き声。遠慮がちに何かを要求しているときにも、こういった鳴き声を出すことがあります。

3 体の動きで気持ちがわかる！ ボディランゲージ

犬は体の動きや表情などで、さまざまなメッセージを発しています。犬によって微妙に動きはちがいますが、よく観察してワンコの気持ちを理解してあげましょう。

うれしい、楽しい

楽しい！

シッポを振ったり体をくねらせるように動いたり、うれしそうに走り回っているときは楽しい気分。顔つきも耳が少し前に傾き、口もとがゆるんでいることが多いです。

遊ぼうよ！

前足をつっぱって、低い体勢でお尻を上げて弓なりの姿勢をとるのは、遊びに誘うときによく見られるポーズ。

怖い、不安

怖いよ〜

シッポをお尻の下に巻きこみ、体を小さくしているときは怖がっている証拠。体を小刻みにブルブルと震わせることもあります。

ドキドキする

不安を感じたり緊張したときも、シッポが下がり、体勢がやや低くなります。

先制攻撃型の威嚇

耳を前方に傾ける、鼻にシワを寄せる、歯をむいてうなり声を出しながら相手をにらみつける。シッポは高く持ち上がっている。これは自信家タイプのワンコがとる威嚇のポーズ。相手も同じタイプの犬だとケンカになりやすいので気をつけて。

守備的防衛型の威嚇

体勢を低くして、シッポをお尻の下に巻きこむ。耳を後方に倒して、歯をむき出しにしている。これは相手に近づいてほしくなくて、威嚇するときに見られるポーズ。ただし恐怖心が強くなりすぎると、いきなりかみつくこともあるので要注意。

室内犬のための飼育グッズ選び

最初にそろえるもの

犬との生活をはじめる前に、必要なグッズをそろえましょう。まずハウスやトイレ用サークル、食器などワンコの"食住"に関係するものを用意すればOKです。

食器

食事用と水飲み用を用意。サークルに設置できる水飲みボトルでもOK。食器は安定感があり、丈夫なものを選びたい。ステンレス製や陶器製などが、清潔に長く使えるのでおすすめ。

フード

おうちに迎えてすぐは、ショップやブリーダーなどで食べていたものを与えるとよい。フードにはいろいろな種類があるので、成長段階や体調に応じて選ぼう(P124~127)。

サークル

トイレを囲っておぼえさせたり、長時間の留守番をさせるときに使う。犬が出られない高さが必要。なお長時間留守番用は、ハウスとトイレを入れても動けるくらいの広さが必要。

ハウス

犬が休んだり、寝たりするときに使う基本的な居場所となる。屋根つきで扉が閉まるタイプのハウスを選ぼう。キャリーケース兼用タイプ（クレイト）にすれば、車などでの外出時にそのまま使えて便利。

おもちゃ

遊びの道具として、ストレス発散の道具として、おもちゃを用意してあげて。子犬がかじっても安全なもの、飲み込む心配のない大きさのものを選ぼう(種類についてはP30参照)。

トイレトレー

トイレはペットシーツを敷いて使うのが一般的。大きさは体全体が乗るサイズのものを選ぼう。ネットがついたタイプだと、ペットシーツを破かれる心配がない。

ペットシーツ

トイレに敷くほか外出時にも使うので、多めに用意しておこう。水分吸収力が高く、消臭効果もあるものがおすすめ。

ハウスの大きさの目安は？

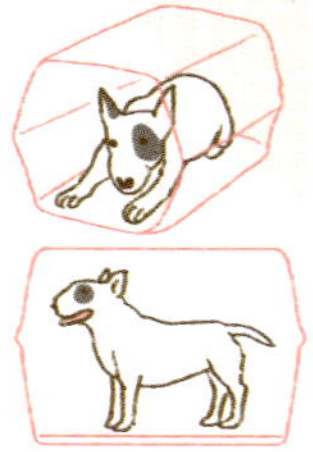

犬は巣穴のような狭くて薄暗い場所にいると落ち着くもの。また自分の寝床は清潔に保ち、排泄をしないという習性がある。広すぎるとハウスの中をトイレにしてしまうことがある。大きさの目安としては中に入って、体の向きが変えられる程度のサイズでOK。また成長に合わせて大きさを見直して、必要があれば買い直すようにして。

徐々にそろえていくもの

散歩やトレーニングに欠かせない首輪やリード、体の手入れに使うブラシやコームなどは、被毛のタイプや体の大きさなどに合ったものを選びましょう。

首輪・リード

散歩デビューはまだでも、子犬のうちからつけて首輪にならしておこう。大きさはつけたときに指1～2本入るくらいを目安に、成長に合わせて買い替えていくこと。

こんなタイプもある！

●ハーネスタイプ

胴体にまわしてつけるタイプ。しつけには向かないが、フレンチブルドッグやパグなど短頭種のワンコやシニア犬など、首に負担をかけたくないときにおすすめ。

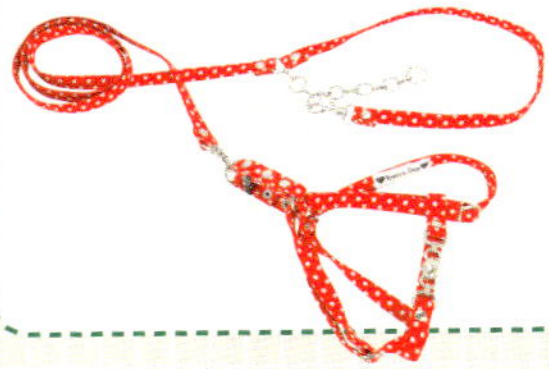

●ハーフチョーク

首輪の一部がチェーンになっていて、犬が引っぱるのをコントロールしやすく抜けにくいので、しつけに向いている。

グルーミング用品

ブラッシングなどの体のお手入れに使うグッズ。スリッカーブラシ、コームなどがあるが、被毛のタイプに合わせて選ぼう。爪切りも準備しておく。

キャリーバッグ

お出かけの目的に合わせて、必要なタイプを選ぶ。ちょっと近所に出かけるとき、ドッグカフェに連れていくときなどは、小回りのきく軽いキャリーバッグがあると便利。車など乗り物での外出には、ハウスと兼用のクレイトのほうがよい。

おやつ

しつけやトレーニングのごほうびとして使う。犬によって好みが分かれるので、様子を見ながら好物を見つけていこう。小さくちぎれるタイプがしつけに使いやすい。

こんなものも準備しておこう

●そうじグッズ

子犬はそそうをしたり、食べたものを吐いてしまうこともあるので、すぐに拭けるように古いタオルなどを多めに準備しておくと安心。そうじ用粘着テープや消臭剤（エタノールスプレーはP142参照）があると便利。

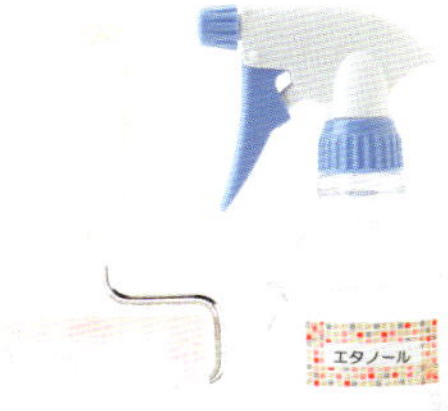

●寝具、保温グッズ

犬が快適に過ごせるように、ハウスの中にはやわらかい敷物を。爪が引っかからないタイプのタオルや、使い古しの毛布などがおすすめ。室温が低いときは、ペット用のホットマットなどを入れてあげるとよい。

ワンコと暮らす！幸せLife 実例集

かわいいワンコを家族に迎え、
楽しく、充実した日々を送っているご家族を紹介します。
ワンコ暮らしって、こんなに Happy & Wonderful！

近所にある公園で思いっきり走るローラ。
「オイデ」の言葉ですぐに戻ってきます。

ワンコと暮らす❶

田中さん Family

一戸建て・3人暮らし
ローラ（ゴールデン・レトリーバー／メス・2歳）

昼間はお店の看板犬！日課は競技会のトレーニング

ゴールデン・レトリーバーのローラは、ご両親の勇さん、くにえさんと、息子の亮さんの3人と暮らしています。「朝、起きたら、まずトレーニングして、ゴハンをあげて、それから散歩に行きます」と亮さん。

亮さんは、自宅に隣接するトリミングサロンで仕事をしていますが、ローラはお店の看板犬だそう。散歩のあとは、ローラもサロンに出勤して、一緒にお客様を迎えます。

以前、田中さんご家族はイングリッシュ・コッカー・スパニエルを飼っていましたが、次に飼うならゴールデン、と決めていたそうです。ローラと出会ったときは、直観でこの子だ！　とわかり、家族に迎えました。

毎日のトレーニングに加え、休日は1時間ほど近所の公園でトレーニングするというローラは、1年以上前から訓練の競技会に参加。競技会という目標があると、トレーニングをしていても飽きることがないといいます。「犬と接する時間も増え、犬の底力を実感できますよ」と、亮さんは今日もトレーニングに励んでいます。

「とてもかわいくて、おりこうですよ」とお母様のくにえさん。

玄関横の軒下にはワンコが日向ぼっこできるスペースがあります。

ローラの散歩と訓練は、亮さんの担当です。

おもちゃをかじるのも大好き！

ローラはご両親のよき話し相手でもあります。

ゴハンの準備をおとなしく待ちます。

「競技会でよい結果が出たときは、大きな昂揚感に包まれます」と亮さん。努力の成果が試されます。

ワンコと暮らす❷

岡田さん Family

マンション・ひとり暮らし

ルブタン（イタリアン・グレーハウンド／4歳・メス）

「暮らしの中心にルブタンがいます」と岡田さん。

ムダ吠えが少なく、人なつこく明るい性格。

握手！

朝晩の散歩で健康的な生活に！ 外出中はサークルでお留守番

「ルブタンと暮らすようになって、すっかり健康的な生活になりました」と話すのは、イタリアン・グレーハウンドと暮らす岡田さん。小型犬や猫の飼育OKのマンションに住んでいます。

イタリアン・グレーハウンドのスレンダーなフォルムと明るい性格が気に入り、いくつものブリーダーさんを回った結果、ルブタンと出会ったそう。

昼間は外出していることが多いので、サークルの中にベッドとトイレを置いた中で留守番させています。家にいるときは、サークルの扉を開けていますが、眠るときは自分からサークルの中に戻って眠るといいます。

散歩は朝20分、夜30分の1日2回が基本。週1～2回は、公園やドッグランまで2時間くらいかけて散歩に行っています。

「顔だけじゃなく、いろいろ似ているってよく言われます（笑）」という岡田さんは、犬を通じて、犬友だちが増え、近所の人ともよく話すようになったそうです。

休むときは自分でサークルのベッドへ。留守番もサークルでしています。

音が鳴るおもちゃで遊ぶのが大好き！

散歩は1日2回。歩いたり、走るのが大好きです。

ワンコと
暮らす3

熊谷さん Family

一戸建て・3人暮らし
こたろう（柴犬／オス・8歳）
なつ（ボーダー・コリー／メス・4歳）
はる（ボーダー・コリー／オス・3か月）

「ボーダー・コリーは集中力があり、訓練しがいがあります」と熊谷さんご夫妻。

アジリティのおかげで犬と家族が太い絆で結ばれている！

熊谷さんご家族は、康彦さん、功江さんご夫婦と、お母様の啓子さんの3人で、3頭のワンコと室内で暮らしています。

「はじめに柴犬のこたろうがきたんです」とご主人の康彦さん。その頃、友人がやっていたアジリティを見に行ったのがきっかけで、こたろうもアジリティをはじめることになりました。アジリティをはじめた熊谷さんご夫婦は、2頭目として身体能力がすぐれているといわれるボーダー・コリーのなつを迎えます。そして、なつのきょうだい犬、はるを迎えました。

現在、こたろうとなつは、アジリティの競技会に月1～2回のペースで参加しています。

「アジリティは犬と人のチームプレイなので、意思の疎通ができたときは、すごくうれしいですよ！」と康彦さん。1回の練習は、1頭につき約1時間。週2日ほど訓練しています。しつけやスポーツとしてアジリティを楽しむなら、月1回の練習でもOKだとのこと。熊谷さんは、犬を通じて、たくさんの仲間ができたといいます。

室内では、クレイトを置いていて、出入り自由にして暮らしています。

柴犬のこたろうは、奥様の功江さんがハンドリングしています。

なつ（右）とはる（左）は同じ親から生まれたきょうだい犬。

はるも、将来はアジリティの競技会にデビューする予定。

競技会で活躍する、ボーダー・コリーのなつ。

おもちゃの種類と選び方

ワンコのおもちゃには、カラフルでかわいいものがいっぱいあります。
安全性を第一に、目的に合ったおもちゃでワンコを遊ばせてあげましょう。

かじるタイプ

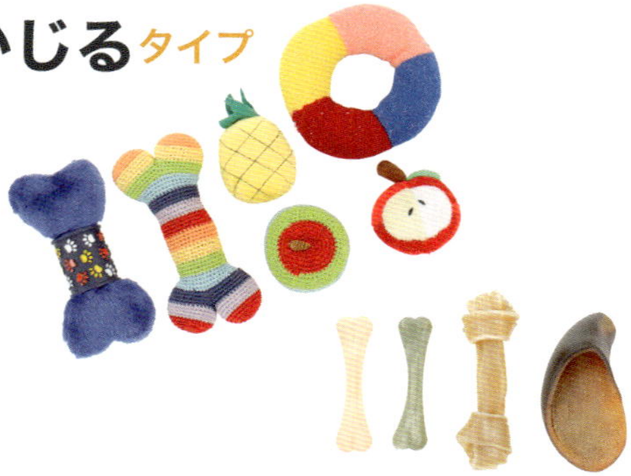

「ものをかじりたい、かみたい」というのは、ワンコの本能的欲求。また、かむことで歯磨きの役目をしたり、歯が鍛えられるタイプのものもあります。布タイプは壊して飲みこむと危険なので、与えっぱなしにせず、見ていられるときに使い、最後はとりあげること。

考えながら遊ぶおもちゃ

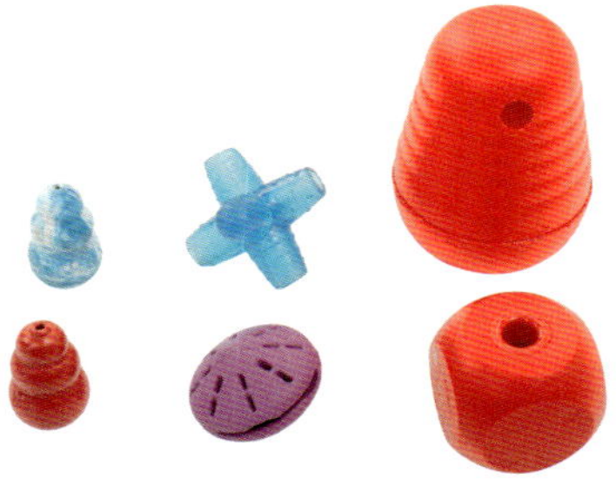

中が空洞でフードを詰めて遊べるコングなどは、犬がどうしたらフードが出てくるのかを考えながら遊べます。使いはじめはワンコがどうやって食べたらいいかわからないので、飼い主がサポートしてあげて。

投げてとってくるおもちゃ

ボールやフライング・ディスクなどのおもちゃを使った遊びは、ワンコの狩猟本能を満足させてくれます。ボールは犬の口にすっぽりと入らないサイズを選んで。またハウス内にキープさせたりせず、飼い主さんが管理して遊ぶときだけ使うようにします。

人と一緒に遊ぶおもちゃ

引っぱりっこができるおもちゃや、ダンベル型のおもちゃは「ダシテ」などの練習にも使えます（P91）。遊びを飼い主さんがうまくリードしてあげて。最後は人がおもちゃをとりあげて終了します。

part ❷

子犬がやってくる！

子犬は どこから迎える？

ブリーダーやペットショップで家族に迎える子犬を探そう

子犬を入手するには、繁殖しているブリーダーやペットショップなどで探します。どんな犬種がよいのか、小型犬か大型犬かなど、おおよその希望を決めておくとよいでしょう。

どこから入手する場合でも、かならず実際に子犬を見て決めることが大切。家族としてずっと暮らすのですから、イメージだけで衝動買いしたりせずに、よい出会いを待ちたいものです。

かならず子犬を見て決めること。

動物取扱業の登録免許証はある？

動物の販売、販売を目的にした繁殖、動物を預かるペットホテルやシッター、訓練をする調教業者などには、都道府県に動物取扱業の登録をする義務があります。ペットを買うとき、預けるときは、登録業者であることを確認しましょう。

親犬が見られれば安心！子犬の性格は遺伝します

健康でよい性格の子犬を選ぶには、できればその親犬も見せてもらうと判断しやすくなります。親犬が清潔でよい環境にいるかどうか、また、どんな性格なのかをチェックできるからです。

母犬は、毛並みやルックスよりも、性格を見るのがポイント。やたらと吠えたり、おびえたりせずに、フレンドリーなタイプなら安心です。

かわいそうな犬を増やさないために飼い主として考えたいこと

ペット人気に乗じて、子犬をただの商品として扱い、まるで工業製品のように繁殖する業者もあります。専門的な知識もなく、安易な繁殖を繰り返すと、病気や問題行動を起こす子犬が増える原因にもなってしまいます。

買う側としては、きちんとした知識に基づき、適切な環境で遺伝などにも配慮しているブリーダーを選ぶことが大切。ショップで買う場合も、あまりに価格が安すぎる子犬や、生後45日未満の子犬を扱うところは避けましょう。子犬は、親きょうだいと生後2～3か月までは一緒に過ごすのが理想的です。

ブリーダーから購入する

犬種を1、2種類に特定し、専門に繁殖させているのが、本来のブリーダーです。子犬はいつでもいるわけではないので、愛犬雑誌やインターネットなどで出産情報をチェック。出産を待ち予約することも可能ですが、最終的には子犬が生まれてから決めることになります。

ブリーダーから買う場合は、親犬を見られる、きょうだい犬から選べるというメリットがあります。また、生まれてからしばらく親きょうだいとともに成長するため、自然な環境で犬社会のマナーを学習できるのが最大の利点です。

Point よいブリーダーの条件は?

- □ 特定の犬種を長く繁殖し、その犬種についての知識が豊富。
- □ 施設を見学させてくれる。
- □ 施設が清潔で、よい環境で飼っている。
- □ 母犬を見せてくれる。母犬の年齢や繁殖回数などの質問にも答えてくれる。
- □ 子犬が母犬、きょうだい犬と一緒に過ごすことで社会化ができている。
- □ 犬種の長所、短所、遺伝的疾患などについても、きちんと説明しアドバイスしてくれる。

ペットショップで購入する

ショップでは多くの犬種を同時に見ることができるため、気軽に検討できます。グッズやフードなど、必要なものがそろえられるのも便利です。

子犬は親犬と離されるのが早すぎると、犬同士のつきあい方などの社会化ができません。ショップのスタッフが愛情をかけて子犬を世話し、社会化のしつけを心がけているかどうかも重要です。

Point よいペットショップの条件は?

- □ 犬に関する知識が豊富。
- □ 店内や子犬のケージが清潔に保たれている。
- □ 生後45日未満の小さい子犬を扱っていない。
- □ 子犬を1日中狭いケージに入れたままでなく、子犬同士で過ごさせたり、スタッフが遊ばせたりして社会化を心がけている。
- □ 飼い主の環境を考え、合う犬種や飼育のアドバイスもしてくれる。

知人から譲り受ける

子犬が生まれた知人から譲り受ける場合は、ブリーダーと同じように、親犬を見られるメリットがあります。生まれてからしばらく親犬やきょうだい犬と過ごしていれば、社会性も身につきます。

インターネットで購入する

子犬の情報を得るにはインターネットは有効ですが、ネット情報だけで購入するのは避けましょう。直接やりとりをして、子犬も見てから、納得して決めないとトラブルの原因となります。

健康なよい子犬を選ぼう

健康な子犬の選び方

耳 耳アカや汚れ、悪臭がなくきれい。音への反応がよい。

目 目ヤニや汚れ、充血、腫れなどがなく、イキイキと澄んでいる。

鼻 適度に湿り、つやがある。鼻水が出ていない。

口 歯肉がきれいなピンク色で歯が白く、口臭や異常なヨダレがない。かみ合わせが正しい。

体 色つやがよい。毛をかき分けて、皮膚に湿疹や悪臭がないかをチェック。

肛門 お尻が汚れていない。炎症や腫れがない。

四肢 骨格がしっかりして、歩き方、関節の動きが自然。

いきいきと元気なコを！健康状態をチェック

健康な子犬は、毛づやもよく見た目にもきれいで、いきいきと活発に行動しているものです。

体の各部をチェックして、健康状態のよい子犬を選びましょう。抱いてみたときに、小さくてもしっかりと丸みがあり、意外に重量感があるのが健康な子犬のポイントです。

ただし、寝起きの子犬は鼻も乾いて、静かにしているなど、時間帯によっても様子はちがいます。できれば何度か子犬に会いに行って、決められるとよいでしょう。

子犬の性格は社会化期で決まる？

生後４か月半くらいまでを、犬の社会化期といいます。母犬やきょうだい犬から犬同士のルールを学んだり、人になれてコミュニケーション力をつけるためにも大切な時期。この時期の過ごし方は、その後に大きく影響するため、いろいろな経験をさせることが大切です。

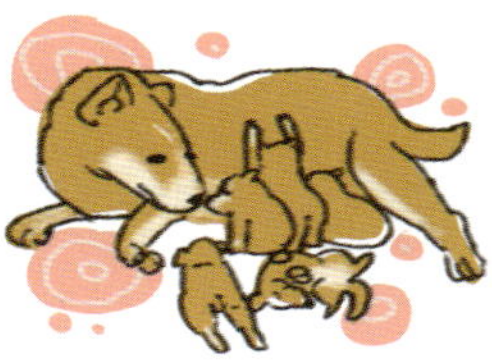

●フレンドリーな子犬がおすすめ！

子犬はそれぞれに性格がちがいます。個性も魅力ではありますが、誰にでも飼いやすいのは、臆病すぎずにフレンドリーな子犬です。活発なことも大切ですが、気が強いやんちゃな性格は、しつけが大変な場合があります。

子犬の性格をチェックしよう！

呼ぶと反応する？

軽く手をたたいたり、声をかけて呼ぶと寄ってくる子犬は、人なつこいのでおすすめ。

甘がみする？

人に寄ってくるのはよいのですが、やたらと甘がみしてくるコは避けたほうが無難。

ひっくり返してみると？

コロンとひっくり返しても、騒がずにされるままになっている子犬はしつけやすい。

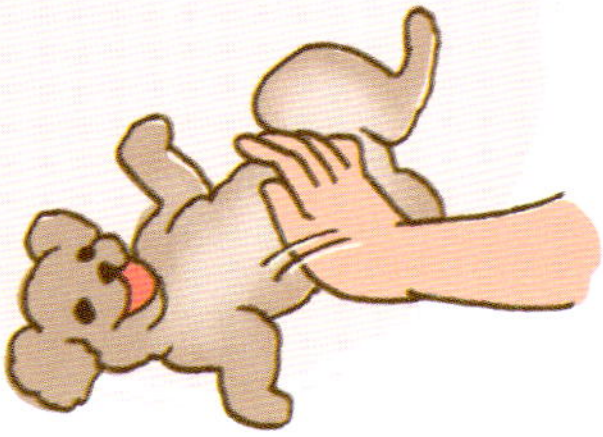

両脇を持って抱っこしてみると？

ばたばた暴れる子犬は、気が強く元気すぎるので、しつけが大変なことも。

おとなしいコは？

かけ寄ってきたりしなくても、相手の匂いをかいだり、抱っこやなでられるのが大丈夫な子犬ならOK。

こんな子犬はちょっと心配

呼びかけても反応しない、まったく興味を示さない、やたらと吠え続けるなどは、人が苦手で臆病な性格の可能性が大。ビビりすぎや、逆に極端にテンションが高すぎる子犬も、はじめて飼う人は避けたほうがよいでしょう。

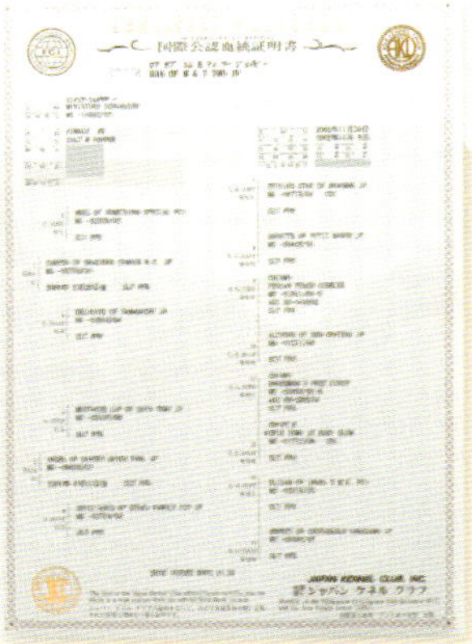

血統書は純血種の証明です

血統書（血統証明書）は、同一種の親から生まれた子犬に発行される、純血種である証明書です。

子犬が誕生して、母犬の所有者がジャパンケネルクラブなどの畜犬登録団体に申請すると、血統書が発行されます。子犬を入手して血統書をもらい、登録団体に入会すれば所有者の名前を変更できます。

血統書には親犬、きょうだい犬、祖先犬の名前も記入され、繁殖させるときに血統を確認するためにも使われます。また、ドッグショーに出場するときにも必要になります。

子犬がわが家にやってくる！

準備を整えたら子犬を迎えに行きます。初日は子犬を疲れさせないように、かまいすぎに注意。トイレとゴハンの世話だけして、ゆっくり休ませましょう。

子犬を迎えるスケジュール

スケジュールを決定

世話ができるように、数日間休めるときに子犬を迎えよう。

部屋を準備 ➡P16

ハウスやトイレはあらかじめ準備しておく。

- □ ハウス（子犬の居場所）
- □ サークル（トイレ用）
- □ 水飲み容器（ハウスに設置）
- □ 床や壁、部屋全体をチェック
- □ 危険なものを片づける

グッズをそろえる ➡P24

フードや食器、首輪やリード、おもちゃなど、必要なグッズをチェック！

午前中にお迎えに行く

迎えに行くのは、家族がそろう休日がベスト。環境が変わって不安な気持ちで過ごす子犬のためにも、午前中に迎えに行くこと。連れて帰るためのハウスなどを持っていきます。

子犬を引きとるときの確認事項

- 予防接種の有無。受けた場合は種類と時期、証明書を確認。
- 健康状態と1日の排便、排尿の回数。
- 食べているフードの種類と量、あげる時間帯と回数。
- お気に入りのタオルなど子犬の匂いがついたものがもらえれば、子犬が安心できる。
- 血統書の有無。いつもらえるのか。

お迎えのときの持ち物リスト

□ **ハウスやキャリーバッグ**
子犬を入れて連れ帰るために、かならず持参する。抱っこして車に乗るのは危ないのでNG。

□ **タオル**
ハウス、キャリーバッグの中に敷くとよい。

□ **ペットシーツ**
帰る途中での排泄に備える。

□ **トイレットペーパー、ごみ袋**
子犬が排泄したり、嘔吐したときのために。

□ **筆記用具**
子犬の説明、注意事項などを聞いておく。

GO!

初日はかまいすぎない

子犬は移動で疲れ、知らない場所で不安になっています。ストレスにならないよう、初日はそっと見守って。子犬がなれてきてから、コミュニケーションをはじめましょう。

子犬を迎える 初日と翌日の過ごさせ方

トイレやハウスのしつけは、はじめが肝心。
ペットシーツを敷いたトイレ用サークルで、
初日から自然にトレーニングします。

午前

1 子犬はハウスに入れて連れてくる。

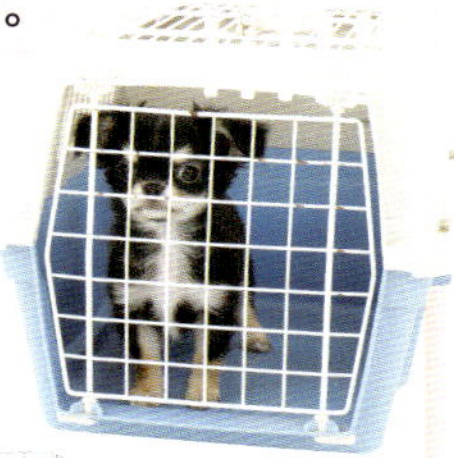

2 家に着いたら、すぐにハウスから出してサークルへ。

3 ペットシーツを敷いたサークルに入れる。ひっくり返さないように水飲みボトルをつけておく。

4 子犬にかまわず、排泄するまでそっとしておく。

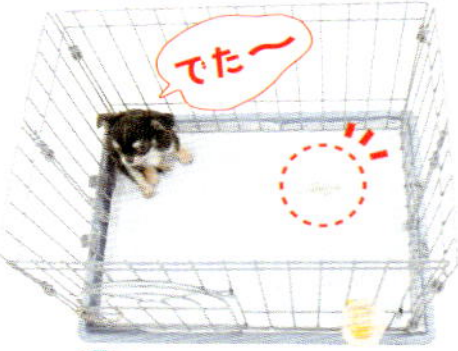

5 排泄したらサークルから出し、ハウスに入れて休ませる。

6 子犬はトイレの間隔が短い。2〜3時間ごとにトイレ用サークルへ。

午後

7 エサは量を控えめにして、サークル内に置いて食べさせる。

8 エサを食べたら、排泄するまでサークルで過ごさせる。

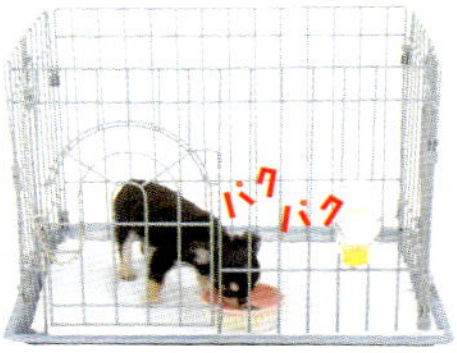

9 オシッコやウンチをしたらOK。

10 ハウスに戻し、中で騒いでも声をかけず、新しい環境になれさせる。

夜

11 日中は2〜3時間ごとにハウスとトイレを繰り返し、夜はハウスで寝かせる。夜鳴きしても出さないで放っておくことが大切。

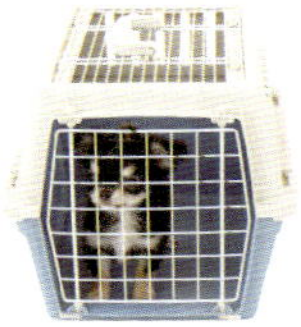

翌日

12 翌朝、サークルに入れて排泄させる。初日と同じようにエサをあげ、排泄したらハウスに入れることを繰り返す。

犬の成長と飼い方のポイント

犬の成長は人よりも早い！年齢に合わせた世話をしよう

犬は人の数倍の速さで成長し、生後わずか１～２年ほどで成犬になります。

子犬期は体をつくる食事や健康管理など、元気に育てるために重要な時期。子犬は好奇心が旺盛で順応性も高いので、しつけやトレーニングもしっかりと行ないます。

犬の成長スケジュールに合わせ、ゴハンや世話の内容も変化。成犬期、シニア犬期と、年齢に合わせた世話をしていきましょう。

●犬と人との年齢換算表

犬の年齢	人間の年齢に換算（小型・中型犬）	人間の年齢に換算（大型犬）
1歳（生後1年）	17歳	12歳
2歳（生後2年）	24歳	19歳
3歳（生後3年）	28歳	26歳
5歳（生後5年）	36歳	40歳
7歳（生後7年）	44歳	54歳
8歳（生後8年）	48歳	61歳
9歳（生後9年）	52歳	68歳
10歳（生後10年）	56歳	75歳
11歳（生後11年）	60歳	82歳
12歳（生後12年）	64歳	89歳
13歳（生後13年）	68歳	96歳
14歳（生後14年）	72歳	103歳
15歳（生後15年）	76歳	110歳
17歳（生後17年）	84歳	—
18歳（生後18年）	88歳	—
19歳（生後19年）	92歳	—

誕生から２か月まで

新生児の子犬は母犬に保護され、授乳や排泄の世話をされて成長。1か月もすると活発に動き、見るもの聞くものに興味を持ちはじめます。

目も見えず、耳も聞こえない生まれたばかりの子犬は、母犬の母乳を飲んで栄養と免疫力をもらいます。生後２週間くらいでヨチヨチ歩きをはじめるまでは、体温の保持から排泄の世話まで、すべて母犬に守られているのです。

３週め頃は体も脳もめまぐるしく発達し、目や耳も機能してきます。歯が生えはじめるので、離乳食として子犬用フードを温かい犬用ミルクでふやかして、ミルクと併用して与えます。

生後2～3か月から半年

家族として子犬を迎えるのは、早くても生後2か月頃。この時期にいろいろな体験をさせ、社交的な犬に育てましょう。

成長

乳歯から永久歯へ

2か月頃に乳歯が生えそろい、3か月から半年くらいまでには永久歯へと生え代わります。かじりたい欲求が強まるので、かじるおもちゃを与えましょう。骨格が未熟なので、ジャンプや激しい運動はさせないようにします。

フード

子犬用ドッグフードに切りかえ

少しずつ離乳食から子犬用ドッグフードへ切り替え、3か月頃にはドライタイプのフードを食べさせます。1日分を3～4回に分けてあげましょう。

しつけ

いろいろな体験がしつけになる

トイレやハウスのしつけは、家にきてすぐはじめます。室内でタッチングなどをしながら、子犬とコミュニケーションをとりましょう。指示語のトレーニングも少しずつはじめます。

子犬のうちから、多くの人や犬に合わせたり、いろいろな場所に行ったり、音になれさせるなど、多くの体験をさせることが大切です。

爪切りや歯磨きなどのお手入れも、子犬のときから練習すれば、上手にできるようになります。

体調管理

ワクチン接種に動物病院へ

家に迎えてなれてきたら、動物病院へ連れて行き健康診断を。すでに1回目のワクチン接種後であることが多いので、そこから2回目、3回目のワクチンプログラムを立てます。

生後半年から1歳

子犬から成犬になる育ちざかりの時期。動きも活発になり、運動もできるようになります。

成長

1歳で成犬なみの体格に！

半年から1歳までは、体がもっとも成長する青年期。個体差はありますが、小型犬は1歳、大型犬は1歳半頃には成犬の体格に成長。

成犬となり性成熟を迎えるので、オスらしさ、メスらしさが出てきます。

♀メス
半年～10か月頃に初めての発情（ヒート）があり、性成熟を迎える。その後、年に2回の発情がある。

♂オス
8か月～10か月頃、繁殖が可能になりマーキング行動がはじまる。散歩中、何か所にも少しずつオシッコをかけてなわばりを主張する。

フード

成犬用フードに切りかえ

1歳前後でフードは成犬用に切り替えます。子犬用に混ぜて、少しずつ切り替えるのがコツ。朝夕の1日2回に分けてあげましょう。

しつけ

指示語のトレーニングを続ける

子犬からはじめた指示語のトレーニングを、普段の生活や散歩の中で続けて行きます。家族みんなでルールを守り、同じ態度で接することで、上手にコミュニケーションを楽しみましょう。

体調管理

激しい運動もOK！ 去勢・避妊は？

1歳を過ぎて骨格に問題がなければ、走らせたり、アジリティなどの運動をさせてもOK。去勢・避妊手術を考えるなら、性成熟の前に受けさせます。去勢や避妊によって予防できる病気もあるので、受けさせるなら早めに動物病院に相談して時期を決めるとよいでしょう。

1歳から6歳頃

心身ともに、もっとも充実して
活動的な成犬期。
散歩やおでかけ、旅行など、
愛犬との生活を充実させて！

成長

個性も出る成犬期

体はしっかりとして安定し、犬種ならではの気質や、その犬の性格もはっきりと出てきます。

子犬のうちに克服できなかった苦手なことなどは、なかなか変えられないもの。犬の性格を理解して、上手につきあっていきましょう。

フード

活動量に合わせて

成犬用フードを1日1～2回に分けてあげます。体格ができあがってからも子犬用フードを食べさせると、カロリー過多になるので要注意。

ゴハンの量は、フードの表示や体重を目安にして、散歩や運動の活動量もふまえてあげること。おやつをあげすぎたり、食べ過ぎで肥満にならないように体重管理をしましょう。

しつけ

トレーニングは継続して

２歳半から３歳頃には、子犬期のはしゃいだ感じはなくなり、落ち着きが出てきます。

場合によっては、反抗期のようにいうことをきかなくなる場合も。いままでできたことができない、反抗してやらないというときは、きちんとトレーニングをしなおす必要があります。

困った行動があるときは放置せず、獣医師やしつけの専門家に聞いて対処しましょう。

散歩やお出かけなど、ふだんのコミュニケーションの中で、楽しみながら指示語のトレーニングをするのがおすすめです。

体調管理

定期健診とボディケア

成犬になってからは、動物病院で年に一度の定期健診を受けましょう。年に一度の狂犬病ワクチン、混合ワクチン接種が必要です。かかりつけの病院に定期的に通うことで、病気の予防や発見に役立ちます。フィラリア、ノミ・ダニ予防も行ないます。

普段のお手入れとしては、ブラッシング、シャンプーなどのグルーミング、耳そうじ、爪切りなどのケアを行います(P134~141)。犬種によっては、トリミングも必要です。

7歳 以降

シニア犬になったら、
これまで以上に健康管理を大切に！
スキンシップを欠かさず、
温かく見守ってあげましょう。

成長

7､8歳から老化がはじまる

犬によって個体差はありますが、小型犬・中型犬は8歳、大型犬は7歳頃から老化がみられるようになります。

歳とともに活動量が減り、寝ている時間が長くなってきます。毛づやが悪くなる、視力や聴力が衰えて反応が鈍くなるなど、体の変化もチェックしましょう（P148）。

フード

シニア犬用フードをあげる

シニアになると活動量も減り、消化機能も落ちてきます。いつまでも成犬用のフードを与えず、低脂肪、低カロリーで消化もよいたんぱく質のシニア用のドッグフードに切り替えましょう。

ゴハンは1日2回に分けてあげます。歯が悪くなった場合は、ドライフードを湯でふやかすなどの工夫も必要です。

しつけ

ペースに合わせてスキンシップを

散歩は無理のない範囲で、犬の体力に合わせた距離や時間で続けます。歩くのが大変そうなら、抱っこして散歩するだけでも気分転換になるのでおすすめです。

老化を防ぐためにも放っておかずに、声かけやスキンシップを行なうようにして。いい刺激を与えることが大事です。

体調管理

ストレスのない環境を！

シニア期に入ると体の機能が低下し、抵抗力が弱まって病気のリスクも増えます。がんの発生率も高まるため、7歳以降になったら、定期健診を年に2回に増やします。

シニア犬の体に負担をかけないよう、夏は涼しく、冬は温かい環境を保ちましょう。つまずきや転倒を防ぐため、室内の段差などをできるだけなくし、模様替えも控えます。

家族を待っているワンコがいる！

動物愛護団体から譲り受ける

飼育放棄された犬の里親になることもできる

犬を買うのではなく、里親募集に応募して譲り受けるという方法もあります。里親になれば、飼育放棄などによって動物愛護センターで殺処分される運命の命を救うことができるのです。

民間の愛護団体は、自治体の愛護センターなどから犬を引きとり、里親募集を行なっています。保護された犬は、子犬もいますが、成犬の場合、人が苦手だったり、吠えグセがあったりと、飼うのにハードルが高い面があるケースも。飼う側も審査され、慎重にマッチングが行なわれます。

このような犬を家族に迎えたいと思うときは、愛護団体が行なっている譲渡会などに参加して、受け入れられるかどうか検討してみるとよいでしょう。マッチングがうまくいけば、ワクチン接種、マイクロチップなどの実費を払い、犬を譲り受けることができます。

里親募集をしている主な愛護団体

NPO法人 KDP （神奈川ドッグプロテクション）	神奈川県逗子市逗子 6-1-1 URL：http://kdp-satooya.com/ E-mail：info@kdp-satooya.com
NPO法人 famille （ファミーユ）	愛知県名古屋市中区金山 2-16-22 URL：http://www.npo-famille.org/ E-mail：info@npo-famille.org
NPO法人 アニマルレフュージ関西	大阪府豊能郡能勢町野間大原 595 URL：http://www.arkbark.net/?q=ja/ E-mail：ark@arkbark.net
NPO法人 犬と猫のためのライフボート	千葉県柏市（以下、要問い合わせ） URL：http://www.lifeboatjapan.org/ E-mail：lifeboatjapan@lifeboatjapan.org

犬を譲り受けるまでの手順

1

譲渡会やHPで犬の情報を探し、希望に合うような犬がいれば申し込む。

↓

2

愛護団体と相談し、面談、打合せなどをする。

↓

3

条件が合い、審査が通った場合は、トライアルとして短期間犬を預かる。

↓

4

トライアルの結果、問題がなければ正式に犬が譲渡される。

part ③

賢く育つ！子犬のしつけ

子犬のときのしつけが重要！

スキンシップをしながら楽しくしつけをしよう！

子犬がきたら、環境や人になれさせることからはじめましょう。人と犬とが一緒に楽しく暮らすには、人が大好きで家族みんなのいうことをきくワンコにしつけることが大切。子犬の頃のしつけ（パピー・トレーニング）がとても重要です。

子犬は遊び好きで、いろいろなことに興味を持ちます。まだ怖いもの知らずのこの時期に、できるだけいろいろな体験をさせましょう。まずはスキンシップの基本となる、タッチングからスタート。ハウスやトイレ・トレーニング、お手入れの練習なども、早い時期から行なうとおぼえやすくなります。

子犬のしつけPOINT

生活習慣を身につけさせる
↓
ハウスやトイレ、留守番が上手にできるワンコに！

ダメなことを教える
↓
甘がみやいたずらをしないワンコに！

人との信頼関係を作る
↓
さわられるのがうれしい！人が大好きで、いうことをきくワンコに！

子犬のしつけプラン

子犬のしつけは、家にきた日からスタート！ 楽しみながらトレーニングしましょう。

初日からスタート

ハウスは子犬の居場所＆ベッド。

- ハウス・トレーニング ➔ P47
- トイレ・トレーニング ➔ P48

2～3日目から

- タッチング ➔ P50

さわることで信頼関係を築く

できるようになってもずっと続けていくこと。

1週間以降から

- 社会化のトレーニング ➔ P56
- お手入れの練習 ➔ P58
- 留守番トレーニング ➔ P60
- ゴハンのマテ ➔ P89
- 指示語のトレーニング ➔ P80～93

成長に合わせて
少しずつはじめよう！

目指せ おりこうワンコ！

子犬の1日

子犬のハウス・トレーニング

トレーニングの方法

- 子犬をハウス（クレイト）に入れる。
- 出てこなくなったら扉を閉める。
- ハウス内で騒いでも無視する。

目標

- ハウスの中で、静かに過ごせるようにする。

1

子犬を抱っこしてハウスに入れる。はじめは入り口を開けておく。

2

扉をパタパタし、子犬が出ようとしたら、扉が軽く顔にあたるように閉める。

3

中に入って落ち着き、出ようとしなくなったら扉を閉める。

扉の閉め方がコツ。犬が閉じ込められたと感じると、開けたとたんに飛び出すようになるので気をつけて！

ハウスは狭くてかわいそう!?

本来、犬は狭い場所が好きなので、かわいそうではありません。寝るときも留守番もハウスが一番。普段からハウスで過ごすことをおぼえれば、落ち着いて入っているようになります。

中で吠えたり騒いだりしても、それに反応して出してしまうと、要求吠えがエスカレートします。犬が落ち着いて、静かにしているときに出すのが鉄則です。ハウスに入れるのは主従関係を築く目的がありますが、災害時の安全確保にもつながります。

子犬の トイレ・トレーニング

トレーニングの方法

- 子犬が排泄しそうなタイミングで、ペットシーツを敷いたサークルに入れる。
- ペットシーツの上で排泄したら、ほめてトイレ用サークルから出す。

→

目標

- ペットシーツで排泄することをおぼえさせる。
- トイレトレーを使えるようにする。

トレーニング成功の秘訣は？

トイレ・トレーニングは、室内犬にとってとても大切なしつけです。家にきた初日からはじめましょう。

子犬は起きているときは、2～3時間に一度以上は排泄します。タイミングを逃さないようにトイレに連れていき、排泄したらほめてあげましょう。失敗せずに成功体験をくり返すことで、ペットシーツの上ですることをおぼえて自分から行くようになります。

トイレ用サークルに入れるタイミング

★ 寝起き
★ 食後や水を飲んだあと
★ 遊んだり走ったりしたあと

動作でわかる排泄のサイン

★ そわそわしている
★ 床の匂いをクンクンかぐ
★ クルクルとその場でまわる

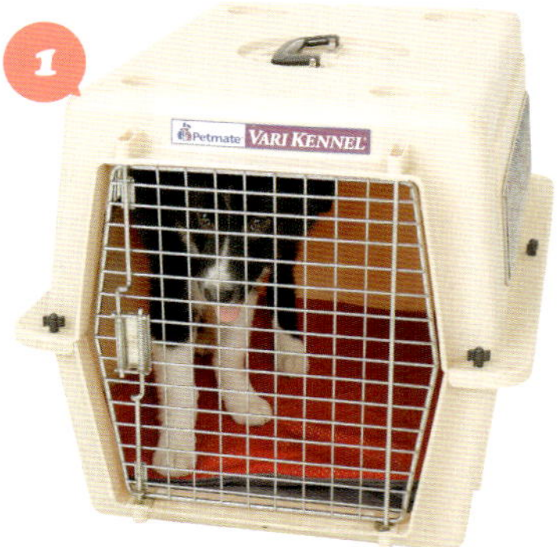

1 子犬は、普段はハウスの中で過ごさせる。

2 時間とタイミングを見て、ハウスから出す。

3 ペットシーツを敷きつめたトイレ用サークルへ。

4

扉を閉めて、排泄するまで中に入れておく。

5

シーツの上で排泄すればＯＫ。
ほめてあげよう。

トイレは大きさが重要！

犬の体格に対してトレーが小さいと、失敗してしまうこともある。犬の大きさに合わせたトイレトレーを選ぼう。

6

オシッコのあとに、飲み水をあげる。

7

子犬をサークルから出す。

8

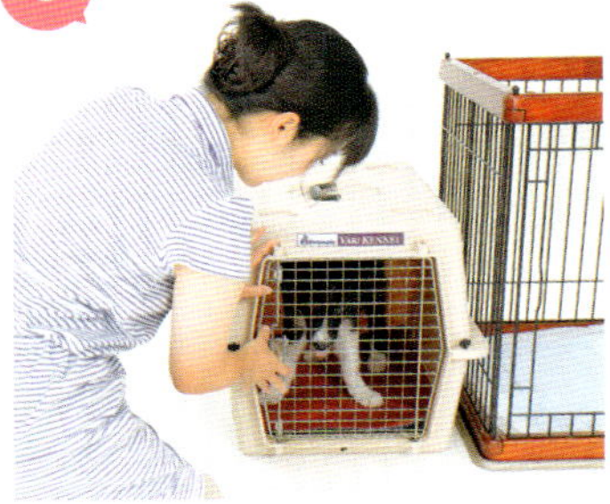

ハウスに戻す。

「**サークル内のペットシーツで排泄➡ハウスに戻す**」をくり返すことで、ペットシーツで排泄することを学習する。

9

ペットシーツの面積を半分に減らし、同じようにくり返す。

10

シーツの上でできるようになったら、トイレトレーにシーツを敷いて置く。

11

できるようになったら、扉を開けておき、自分で入れるように練習しよう。

ステップUP

サークルなしでトイレトレーの上で排泄できるようにトライ。

子犬のタッチング

トレーニングの方法

- 犬が自由に動かないように体を保持する。
- 体の各部をさわり、あばれたらギュッと抱きしめる。
- ゆったりと無言で、10～30分かけてやる。

目標

- 人との信頼関係を築く。
- 人に体をあずけられるようになる。
- お手入れや診察のとき、体のどこをさわられても大丈夫に。

小型犬のタッチング

小型犬は
イスにすわって行なう

Step 1 マズルコントロール

1

子犬の背中側から手を入れ、両脇を抱える。

2

子犬の背中をヒザにつけ、すべらせるように引き上げてすわる。

3

右手は犬の胸、左手は後ろ足のつけ根をおさえて抱く。

4

両手でおさえながら、犬の体を横向きにする。

5

胸、右手、左手の3点で犬の体をはさむように固定し、右手でアゴを持つ。

悪い例

後ろ足が手の内側に入ると逃げられやすいので注意。

6

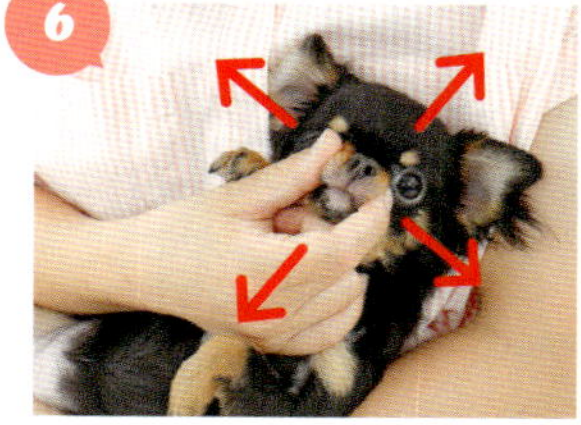

アゴを持って顔を上下左右、いろいろな方向に向ける。

7

ぐるりとマズルを回す。犬が力を抜いていればOK。

目的

マズル（口吻《こうふん》）はさわられるのが苦手なところ。嫌がっても黙って続けるのがコツ。信頼関係を築き、かむ犬になるのを防止する。

Step 2 体のいろいろな部分をさわる

Point 犬が力を抜いて素直にさわらせるまでやろう。

1

後ろ足をおさえていた手で前足を、手首の下に顔を入れておさえる。

2

そのままの体勢で、後ろ足から各部をさわる。

3

お尻、シッポ、シッポの先までさわる。

4

お腹をさわる。

5

足先や肉球もさわる。

6

口元や口の中、歯肉、耳をさわる。
お手入れの練習にもなる。

7

犬をあおむけからうつぶせの体勢に戻す。

8

床に下ろし、「よし」と声をかけて手を放して終了。

あばれるときは？
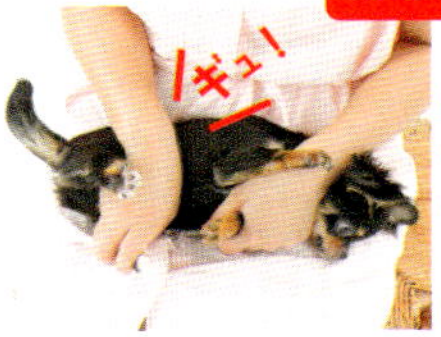

顔をおさえているのと反対の手で後ろ足をつかんで体に引きつける。

小型犬を抱っこする

1

子犬の背中側から、両脇に両手を入れる。

2

背中を自分の体につけるように引き寄せる。

3

ヒザの上をすべらせて引き上げる。あばれても放さない。

4

背中を人に預けさせて、胸のあたりを支える。

悪い例
前足をつかんで持ち上げようとすると、足や関節に負担がかかる。

向かいあうと犬があばれ、後ろ足でキックしたり不安定になるので危険。

中大型犬のタッチング

中型犬は
床にすわって行なう

Step 1 マズルコントロール

1 ヒザの間に、人に背中を向けて
オスワリをさせる。

2 アゴの下からマズルを持ち、
もう片方の手は胸元に。

3 マズルをいろいろな方向に動かす。
上に向ける。下、右、左と動かす。

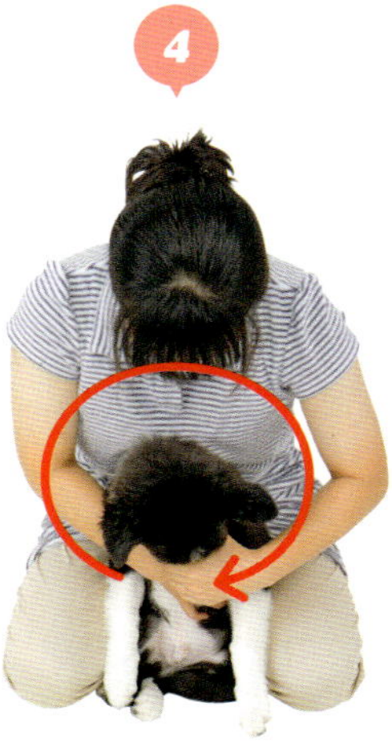

4 マズルを持って、ぐるりと回す。

中大型犬を抱っこする

1 子犬の体をはさむ
ように後ろにすわり、
両脇に手を入れる。

2 ヒザの上にずらし
て乗せる。

3 片手で前足のつけ根、
もう片手で反対の後ろ
足を持つ。

4 なでるときは、後
ろ足を持っていた
ほうの手を離して
なでる。

悪い例

前足先を持って、
かかえ上げると体
に負担がかかる。

向かい合って抱くと、
犬が立ちあがって
しまう。

Step 2 体のいろいろな部分をさわる

1

前足を持ち前に出しフセをさせる。後ろ足はヒザにはさむ。

2

横にして体の前へ。左手で下のほうの前足のつけ根をおさえる。

3

前足、後ろ足とさわる。

4

お尻、シッポのつけ根から先までさわる。

5

背中とお腹をさわる。

6

顔をさわる。

7

肉球や足先をさわる。

8
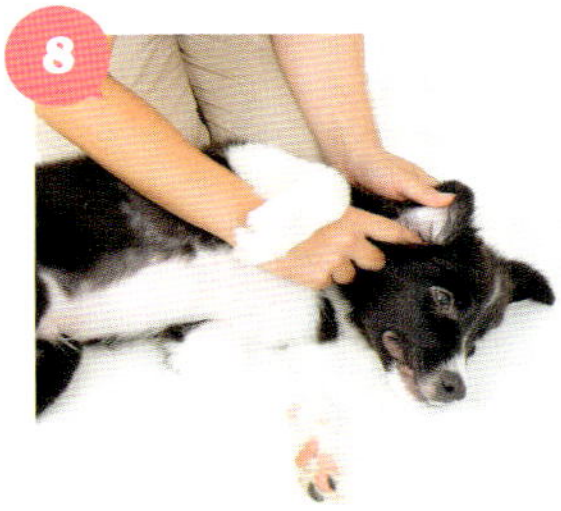
耳をさわる。

9

口の中をさわる。

10

ヒザの間にはさんでフセの状態に。

11

オスワリをさせる。

12

人が立ち、「よし」と合図して開放して終了。

あばれたら？

下になっているほうの前足と後ろ足、それぞれのつけ根をおさえ、腕で顔をおさえるとよい。

力が強いワンコがあばれる場合

手首、ヒザ、床の3点ではさんで、前足から首にかけておさえよう。

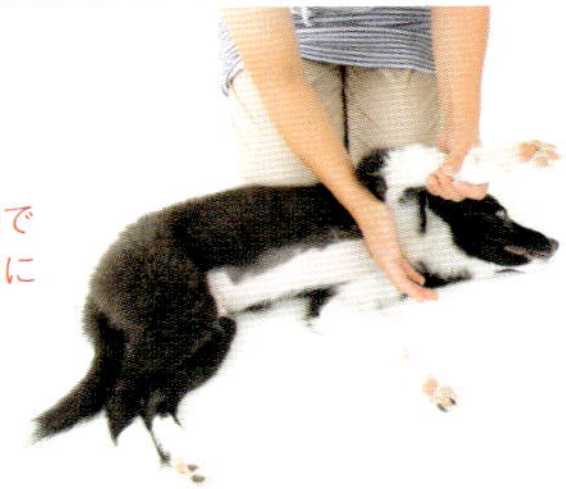

子犬と遊ぼう

トレーニングの方法

- おもちゃを人が持ち、引っぱり合う。
- おもちゃは人が持って終わらせる。
- 足を使って、ジャンプなどさせる。

目標

- 子犬の好奇心と遊び心を満足させる。
- 遊んでいるとき、体をさわらせる。
- 室内で軽い運動をさせる。

おもちゃで遊ぶ

1

おもちゃを目の前でふったりして、興味を持たせる。

2

おもちゃで遊ばせながら、体をさわる。

3

はじめはおもちゃを人が手から放さずに、遊ばせるようにする。

おもちゃを放さないときは？

引っぱり合いになって犬が放さないときは

動きを急に止めると放す

動きを止めても放さないコは？

首輪とリードをつけて上に引く。

トンネル

足でトンネルをつくってくぐらせる。

向こう側からおもちゃを見せて誘導する。

おやつでやる！
おやつだ！

おもちゃに興味がないワンコは、おやつを使ってやってみよう。

ジャンプ

ピョン

おもちゃやおやつで誘導して、足の上をジャンプさせる。

とってきて！ってどういうこと？？

とってきて！
よしっ！
ぐる
ぐる
いくぞ！
いくぞ！
……
zzzz……
バタッ

社会化のトレーニング

トレーニングの方法

- 室内でいろいろな体験をさせる。
- キャリーバッグに入れて外に出かける。

目標

- 家族やよその人、ほかの犬になれさせる。
- 大きな音や刺激に動じないワンコになる。

子犬の外出はいつからOK？

生後４か月半頃までの社会化期と呼ばれる時期は、子犬の順応性が高いとき。この大切な時期に「予防接種が済んでいないから」と子犬を外に出さないと、社会性を身につけるチャンスを逃してしまいます。

よその人や犬を怖がったり、大きな音や新しい環境におびえるワンコにしないためには、積極的にいろいろな体験をさせましょう。予防接種が済む前でも、キャリーバッグや抱っこで外出すれば問題ありません。積極的に外の世界を見せてください。

パピーパーティへ行こう！

動物病院やブリーダー、ペットショップなどが主催するパピーパーティは、子犬のためのしつけ教室です。しつけについてプロに教わるだけでなく、同年代の子犬が集まって触れ合うことで、学んだり、飼い主さんの交流、情報交換の場にもなります。

信頼できる獣医さんやブリーダーに聞いて、参加してみることをおすすめします。

社会化 Lesson

いろいろな体験をさせよう！

多くの人と触れ合う

家族だけでなくよその人に会わせましょう。子どもやお年寄り、男性、女性といろいろな人になでたり、おやつをあげてもらったりして、人を怖がらないコにします。

大きな音になれさせる

そうじ機や電話など、大きな音を怖がる犬も。子犬が遊んでいるときに音を少しずつ聞かせ、「大きな音がしても大丈夫」とおびえないコにしましょう。

外の刺激になれさせる

子犬をキャリーバッグに入れたり、抱っこして外出するのがおすすめ。車や自転車が多い道路、騒々しい商店街や踏切など、外の社会を早くから体験させることが大切。

よその犬と会わせる

親きょうだいと早くから離されていると、ほかの犬が苦手になってしまうことも。社会性を養い、散歩が上手にできるように、信頼できるよその犬に会わせましょう。

お手入れの練習

トレーニングの方法

- 体を保持してブラッシングする。
- 足先、耳、口の中をさわるのになれさせる。
- 足をあげさせて足先をふく。

目標

- ブラッシングすることになれさせる。
- 爪切り、耳そうじ、歯磨きができるようにする。
- 散歩のあとに、足をふかせるワンコになる。

ブラッシングの練習

床にすわり、犬の背中を胸につけるように、ひざの上で抱く。

犬の顔を脇の外側に出し、ヒジでおさえる。

体を保持したまま、体のあちこちをブラッシングする。

足先の毛はコームでとかす。

Point

あばれて逃げないように、ヒジで顔を固定する。

爪切りの練習

床にすわって抱き、指を持ち、爪をはじく。

爪切りを爪にあてる。おとなしくできそうなら切ってみる。

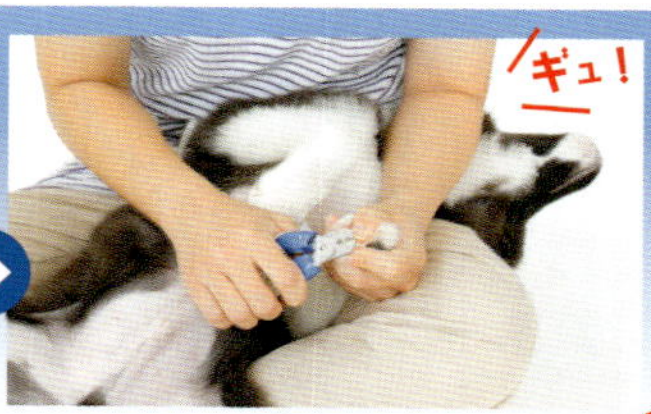

あばれるときはヒジで顔を無言でおさえる。

うまくできないときは？

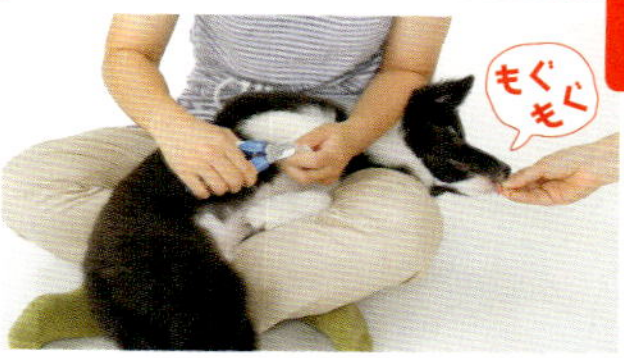

ほかの人に横からおやつをあげてもらい、抱いている人が爪を切る。

耳そうじの練習

足の間でフセの体勢にして、足ではさむ

片手で後頭部をおさえ、耳の中をふいてみる。

歯磨きの練習

足の間にフセさせ、歯ブラシを持ってかませて遊ぶ。

片手で口を開けるように頭ごとおさえ、歯ブラシで磨いてみる。

足の間ですわらせて、片手で顔をおさえる体勢でもOK。

足先をふく

すわって抱っこ 犬の背中を胸につけるように抱き、前足、後ろ足をふく。

立って抱っこ

犬があばれるときは抱いて立ち、ふいてもよい。

犬を立たせる 横向きに立たせ、足をうしろに曲げさせてふく。

成功のコツ
嫌がっても放さない！

あばれたり、嫌がったりしたときは、無言で子犬をおさえましょう。途中でやめると、「嫌なことは逃げればよい」と学習してしまうのでダメ。「おとなしくお手入れされていれば気持ちいい」と、子犬のうちからおぼえさせることが大切です。

留守番トレーニング

トレーニングの方法

- ハウスに入れ、かまわないで放っておく。
- トイレを入れたサークルに入れて過ごさせる。

→

目標

- 落ち着いて静かに留守番できるワンコになる。

留守番はハウスが基本

犬は、散歩や部屋で家族と一緒に過ごすときなどを除いて、基本的にハウスに入れるようにしましょう。普段からハウスで過ごすことになれていれば、留守番のときも、そのままハウスで休んでいられるワンコになります。

留守中、部屋で自由に放されていると、退屈でいたずらをしたりチャイムに吠えたりして、犬にとってもストレスになってしまいます。ハウスならケガの心配もないので、人も犬も安心です。

分離不安症とは？

犬はもともと群れで生活する動物なので、飼い主と長時間離れているのが苦手。ひとりぼっちでいると不安になり、吠え続けたり、部屋を荒らすなど、問題行動をとる「分離不安症」になる犬がいます。

部屋で放し飼いにしたり、過保護にしすぎると分離不安になりやすいので、子犬の頃からハウス・トレーニング(P47)をすることが大切です。

成犬になっても分離不安があり、留守番がうまくできないときは、短時間から根気よく練習し、ならしていきましょう(P122)。

留守番トレーニング

犬はハウスに入れておく。だまって部屋を出る。子犬が鳴いても無視し、あきらめて静かになったら部屋に戻る。

→

20～30分からはじめて、少しずつ長時間に挑戦。2～3時間の留守番ならハウスに入れておけばOK。

うまくできないときは？

だまって出ていき、戻ったあともしばらくは無視するのがコツ。出がけに声をかけると、犬が留守番を意識し、かえって騒ぐことに。ラジオなどを小さくつけておいてもOKです。

長時間の留守番

長時間の留守番なら、ハウスとトイレトレー、飲み水をセットしたサークルに入れておくとよい。

サークルにハウスが入らない場合は、サークルとハウスをつなげ、出入りできるようにしよう。

首輪とリードをつけるトレーニング

トレーニングの方法

- 首輪とリードをつけてみる。
- 室内でリードをつけて自由にさせる。

目標

- 首輪をうまくつけられるようになる。
- リードをつけて歩けるワンコになる。

首輪をつける

はじめはゆるめの首輪で練習しよう。

首輪にリードをつけておく。ヒザの間にオスワリさせる。

あごをおさえ、下から首輪をまわし、後ろでとめる。

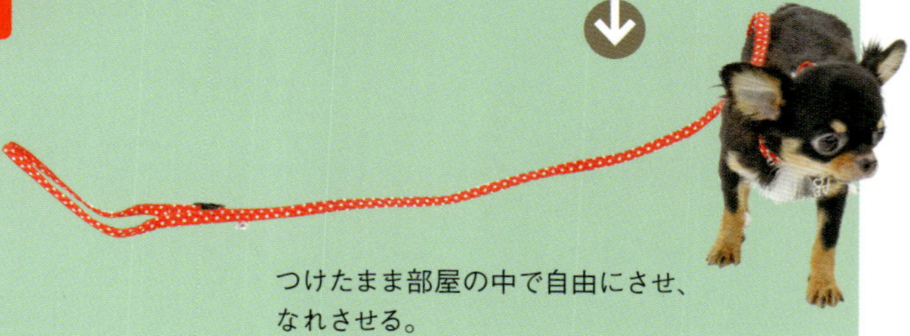

つけたまま部屋の中で自由にさせ、なれさせる。

首輪をつけるときは犬と向きあわない

子犬の正面からつけようとすると、逃げられてうまくつけられません。首輪をかんで、おもちゃにしてしまうことも。子犬をすわらせて、後ろからつけるのがコツです。

プレ散歩に行こう！

トレーニングの方法

- リードをつけて室内で散歩の練習をする。
- キャリーバッグか抱っこで屋外を散歩。

→

目標

- リードをひかれて歩くことになれる。
- 外の音や刺激に対しておおらかなワンコになる。

プレ散歩 1

リードをつけ、
なでてほめる。

→

リードを持ち、
部屋の中を
歩いてみる。

→

ついてこないときは
リードを長めに持つ。
そのまま遊ばせたり、
名前を呼んでみよう。

プレ散歩 2

キャリーバッグに子犬を入れ、
外が見えるようにして散歩する。

→

こんなところに行ってみよう

電車の踏切

人が多い商店街

犬が散歩している公園

子犬の散歩デビュー

トレーニングの方法

- リードをつけて近所を短時間歩く。

↓

目標

- 散歩に出て社会性のあるワンコになる。
- 飼い主と犬のコミュニケーションを深める。

デビュー前にここをチェック！

- □ **首輪とリードの練習はOK？**
  はじめての散歩でいきなりリードをつけるのではダメ。室内で練習しましょう（P62）。
- □ **プレ散歩はできた？**
  キャリーバッグに入れてのプレ散歩で、屋外の様子になれさせておきます（P63）。
- □ **散歩コースはどうする？**
  はじめは10分くらいの短いコースで、子犬を歩かせやすい場所を探しておく。
- □ **ワクチンプログラムは？**
  実際に外の道を歩かせるのは、最後のワクチン接種が終わってからが安心です。
- □ **散歩の持ち物は？**
  排泄したときのためのゴミ袋、ペットシーツ、水などを準備します（P97）。

はじめての散歩

家の近所で短時間から練習をスタート！

1 散歩の前にトイレ

トイレで排泄させてから行くようにする。

2 リードをつけて玄関を出る

子犬が飛び出さないように注意！

3 車の少ない道を歩こう

はじめから車や自転車が多い道は危険。公園や歩道まで、抱っこして連れて行ってもよい。

4 自由に歩かせてみる

はじめは自由に歩かせてみよう。

リードを引っぱりがちなワンコは？

散歩になれたらリーダーウォーク（P99~100）、ツイテ（P101）の練習をしよう。

前からよその犬がきたら？

吠えたり、向かって行ったりしないように、しっかり見ていること。上手にできないときは、すれちがいの練習（P103）をしよう。

5 短時間で帰る

はじめは10分でも15分でも可。飼い主さんと一緒に歩いて、気分転換できれば散歩はOK！

子犬のトラブルQ&A

Q なかなかトイレをおぼえません

A 子犬を部屋で放し飼いにしていませんか？　また、サークルにトイレとハウスを入れていたり、トイレの大きさが合わない、清潔でないなども、トイレの失敗の原因になります。

子犬は普段はハウスに入れて、ハウスから出すときは、まずトイレ用サークルに入れて排泄させることを習慣づけます。これをくり返すことで、ペットシーツで排泄できるワンコに。子犬は頻繁に排泄するので、自分から行くようになるまでは、1日に何度もトイレ用サークルに入れましょう（トイレ・トレーニング P48）。

Q 子犬が甘がみをします

A 子犬はじゃれているだけだし、痛くないからと甘がみを許していてはダメ。やめさせないと、かみグセがつく可能性が大。

対策1

首のうしろを一瞬、持ち上げてやめさせる。母犬がくわえるところなので、つかんでも大丈夫。

対策2

リードをつけておき、手をかもうとしたら、首輪を斜め後ろ方向に引く。

Q そそうをしてしまったら？

A トイレ以外で排泄してしまったら、しかったりせず、だまってそうじをすること。子犬が「オシッコをしたらしかられた」と思うと、隠れて排泄するようになってしまうからです。また、匂いが残ると同じ場所にすることもあるので、きれいにふいて消臭。そそうが多いときは、トイレ・トレーニング（P48）をやりなおしましょう。

Q 夜、ハウスで鳴くのですが？

A 子犬がハウスで夜鳴きをしても、かまわずに無視すること。かわいそうだからと出してあげると、「鳴けばかまってもらえる」と思うようになってしまいます。はじめの数日は続いても、無視し続ければ、やがてあきらめて鳴かなくなります。はじめが肝心です！

Q 留守番が上手にできません

A 人の姿が見えないと騒いでしまう場合は、短時間の留守番から練習するしかありません（留守番トレーニング P60）。普段からハウスになれさせた上で、だまって部屋を出て10分で戻る練習などで、少しずつならしましょう。物音や人影が気になって吠えることもあるので、外が見えない場所にハウスを置くのもおすすめ。

part 4

基本のしつけとトレーニング

「しつけ」と「トレーニング」とは？

しつけは生活ルールを守らせるための基本

犬のしつけとは、人と一緒に暮らすために「犬に守らせたいルール」を教えることです。

はじめに教える「ハウス」は、すべてのしつけの基本。自分だけの安心できる居場所がハウスだとわかれば、ムダ吠えなど多くの問題が起こらなくなります。さらに「タッチング」や「アイコンタクト」で信頼関係を築き、家族がリーダーであることを教えましょう。

家族が頼れるリーダーであれば、犬は喜んでいうことをきき、ストレスなく暮らせるのです。

基本のしつけ

ハウス・トレーニング ➡P72

タッチング ➡P74

アイコンタクト ➡P78

信頼関係・主従関係を築く

↓

指示語のトレーニング

オスワリ　フセ　マテ　オイデ　オテ　etc.

信頼関係を深める
楽しいコミュニケーション

指示語のトレーニングは楽しい遊びになる

「オスワリ」「フセ」などを教える指示語のトレーニングは、飼い主が犬をコントロールするために重要です。ごほうびのエサを使うオペラント技法で、短時間ずつ練習を。

はじめはごほうびで動きを誘導して教えますが、訓練するにつれて、「どうしたらもらえる？」と犬が自分から考えるようになり、やがて言葉やジェスチャーだけでもできるようになっていきます。

また、リーダーにほめられるのは犬にとってもうれしいことなので、訓練を通じて信頼関係も深まり、楽しいコミュニケーションになるでしょう。

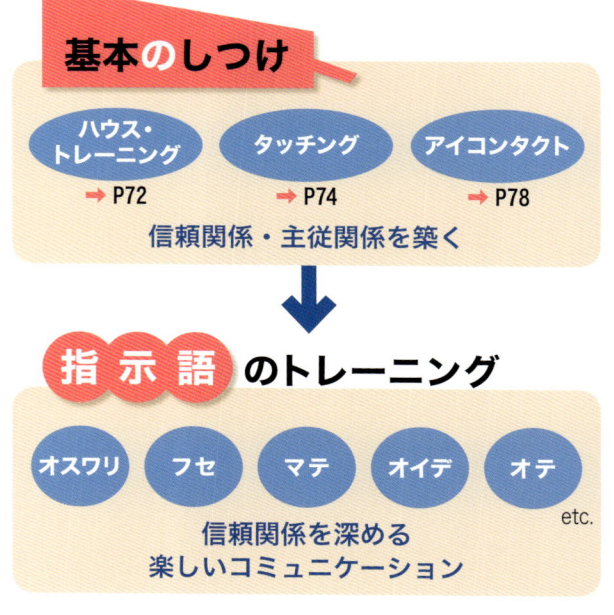

愛犬に頼られるリーダーになろう

「うちのコはお父さんのいうことしかきかない」なんてことでは、
いざというとき困ります。
誰もが犬をコントロールできるよう、家族みんなで
ルールを守って接しましょう。

要求吠えには答えない

犬が吠えてゴハンや散歩を催促したり、ハウスの中で騒いだりしても、要求に答えてはダメ。「吠えればなんでもきいてもらえる」と思わせないために、静かになるまで無視すること！

フムフム…
WAN WAN
がんばって吠えてもゴハンはもらえなかった。出てくるまでおとなしく待つワン

犬よりも人が先！

犬の世界では、なにごともリーダーが優先されます。ゴハンを食べるのも道を歩くのもリーダーが先というルールを守り、歩くときもつねに人が主導権を握るようにします。

リーダーが先に歩いてくれるから、安心してついて行けるよ。ほかの犬に吠えなくてもいいんだワン

高い場所に勝手に上がらせない

ソファやベッドの上など高くて快適な場所は、リーダーである人の居場所なので、犬が勝手に上がらないようにします。人がすわってから「オイデ」と呼ぶのはOK。

高いところにいるのは、リーダーだからなんだ。従いたくなるワン

リーダーと犬との関係は？

主従関係は、犬にとってかわいそうなことではありません。人がリーダーとなって「主従関係」ができると、犬は安心して家族に従って暮らすことができます。

重要なのは、人と一緒に暮らすために「ダメなことはダメ」とあきらめさせること。それさえできれば、あとは、思い切りかわいがって楽しく暮らせます。

CHECK TEST! 信頼関係はできているかな？

- [ ] ハウスにおとなしく入っていられない。
- [ ] 体をさわると怒ることがある。
- [ ] 爪切りや歯磨きのお手入れを嫌がる。
- [ ] おもちゃをとろうとすると怒る。
- [ ] ゴハンを食べているときに食器にさわると怒る。
- [ ] 寝ているときにさわると怒る。
- [ ] トイレ以外でオシッコをする。
- [ ] ゴハンの時間になると吠えて催促する。
- [ ] 散歩の時間になると吠えて催促する。
- [ ] 呼んでも無視する。顔を見ない。
- [ ] 家族に飛びついてくる。
- [ ] じゃれて甘がみをしたり、かむことがある。
- [ ] 散歩ではリードを引っぱって歩く。
- [ ] 散歩であちこちにオシッコをする。
- [ ] ボール遊びでとりに行っても戻ってこない。

診断結果

あてはまる項目はいくつあった？

0個

信頼関係がしっかりできています！

1〜5個

完璧な信頼関係まで、あと一歩。くり返ししつけとトレーニングを！

6〜9個

信頼関係はまだまだです。主従関係をはっきりさせましょう。

10個以上

まったく信頼されていません。基本のしつけからしっかりしましょう。

信頼関係バッチリ!?
のハズ
うちのコはとってもいいコ
信頼関係だってバッチリ！
ハウス大好き!!
やっぱ落ちつく〜
いつでも…ウエルカムだし…
される?!
いつでもなでていいのよ〜
トイレだってバッチリ！
しました〜
お散歩じょうず！
おもちゃもだいたいは返してくれる…
…けど、これだけは絶対ダメなのよ…
バッチイから…新しいのにかえさせて〜
これはダメ！さわらないで!!
キモイ…
もと、人形…

正しいほめ方、まちがったしつけ方

しかってもダメ！ほめて教えるのがコツ

犬のしつけは、ムリにいうことをきかせるのではなく、できたときにほめることが大切です。はじめは犬が喜ぶおやつのごほうびと、なでてほめることをセットで行ないましょう。

「イイコ」「よしよし」などと、言葉でほめられるのがうれしくなると、なでられたりほめられたりすること自体がごほうびとなります。「こうしたらほめられた！」という体験をくり返すことで、ルールや指示語をおぼえていくのです。

正しいほめ方

アイコンタクトをとって、「イイコ」など声をかけてなでる。大声でおおげさにほめると犬が興奮してしまうので、落ち着いた態度で！

犬が悪いことをしてしまったときは？

よい対処法 ❶

吠えているとき、飛びかかってきたときなど、とにかく無視。犬の目を見ず、声もかけず、あきらめるまで無視すること。

吠えても
見てくれないから、
おとなしく待つワン

悪い対処法 ❶

「ダメでしょう～」「こらこら、何しているの！」など言葉で言ってもわかりません。とくに、騒ぎたてると逆効果。

ボクに注目して
応援してる！
もっとやるワン

よい対処法 ❷

すぐやめさせなければならないときは、無言でリードを引くなどして、対処する。

あれっ、
どうしたんだろ？
やーめた。

悪い対処法 ❷

たたくなどの体罰は絶対にダメ。信頼関係が壊れるだけで、ますますしつけがうまくいきません。

怖いワン！
この人のことは
もう信じられないよ。

基本のしつけ…… ❶

成犬の ハウス・トレーニング

ハウス・トレーニングはすべてのしつけの基本。
ハウスの中で静かに過ごせるワンコになると、
多くの問題行動が解決します。
吠えても無視し、あきらめることを学習させましょう。

扉がしっかり閉まるハウスを用意。ハウスは普段の居場所、寝床になり、
移動するときの手段にもなります。

1

ハウスに犬を入れる。
声はかけず、無言で行なう。

2

静かにハウスの扉を
閉める。

3

騒いでも声をかけたり出したりせずに無視。
静かにしているときに出すようにする。

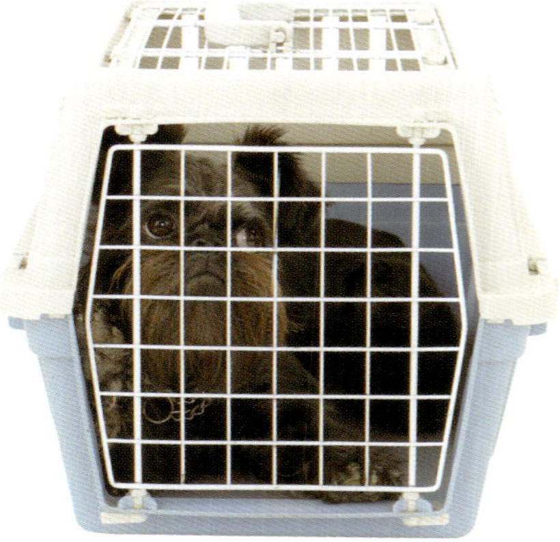

ハウスのサイズは？

　ハウスは、犬の体格に合わせて大きさを決めます。犬が中で立てる高さで、ゆったりとフセができる長さがあればOK。中で前後の向きを変えられるくらいのサイズを。広すぎても落ち着かないので、適正サイズを選びましょう。

ハウスができると？

- 犬が安心して休めるようになる。
- いたずらやトイレの失敗がなくなる。
- 留守番が上手にできる。
- 車や電車で外出できる。
- 災害時など、いざというときも安心。

信頼関係ができ、いろいろなトレーニングがうまくいく

あばれるワンコをハウスに入れる

1 ハウスの入り口を手前にして、イスに乗せて犬を入れる。

2 犬を抱き上げるとおとなしく入る。

Point

犬が後ろ足でふんばることができないので自然に入る。ハウスが落ちたり、ガタガタして、嫌な思いをさせないように注意。

3 入ったらしばらく中で過ごさせる。

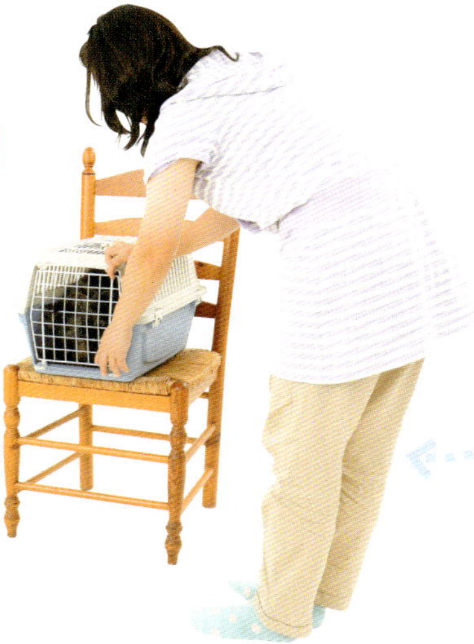

Point

吠えたり騒いだりしても無視！騒いでいるうちは出さない。あきらめて静かに落ち着いているときに出すこと。

基本のしつけ……❷

成犬の タッチング

体のどこでもさわれるようにして、基本的な信頼関係を築きます。敏感な部分のマズル（口吻《こうふん》）や足先、シッポもさわれるように練習を。子犬のときからはじめるのが理想的 (P50)。

小型犬の タッチング

抱いて犬の体を飼い主の体に引きつけ、体の各部をさわります。

1

犬の背中側から脇に手を入れる。

2

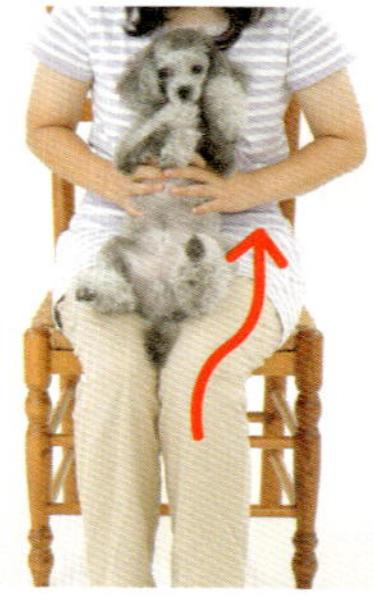

すべらせるように、ヒザの上まで抱き上げる。

3

片手を脇から入れ前足のつけ根を持ち、反対の手で後ろ足のつけ根を持つ。

Point

両手を交差させ、右手で左前足、左手で右後ろ足のつけ根を持つと安定する。

4

顔の下から手を出してアゴを持ち、マズルを前後左右に動かしたり、回す。

5

そのままの体勢で、耳をさわる。

6

足をつけ根から先までさわる。

7

尻からシッポの先までさわる。

8

お腹をさわる。

9

足先や肉球をさわる。

10

下ろして「よし！」で開放する。

タッチングができると？

- 体のどこをさわられても平気に。
- かむトラブルの予防になる
- なでられるのが好きなワンコに。

→ 信頼関係ができて問題行動が減り、お手入れもラクに！

あばれたら？

ギュッと抱きしめて逃がさない。おとなしくなったら、再スタート。

ステップUP

基本ができるようになったら、ヒザの上で寝た姿勢でもできるように練習を。

1

犬を抱き、前足、後ろ足を持って横向きに倒す。

2

そのままマズルを持ち、上下左右に動かす。

3

耳をさわる。

4

後ろ足を持っていた手を前足に持ち替え、手首の下に顔を入れておさえる。

5

あいているほうの手で前足をさわる。

6

後ろ足をさわる。

7

お尻からシッポの先までさわる。

8

お腹と背中をさわる。

9

足先や肉球をさわる。

10

下ろして「よし！」で開放する。

中大型犬のタッチング

中大型犬は抱くのが大変なので、
床にすわって行ないます。

1

首輪とリードをつけて持ち、オスワリをさせる。

2

犬の後ろにまわり、両ヒザの間に犬を入れる。

3

片手を胸におき、片手をアゴにあてて頭を胸につける。

4

下からマズルを持ち、上下左右に動かしたり、ぐるっと回す。

5

口を開けさせて口の中をさわる。

6

両手でそれぞれの両前足を持つ。

7

そのまま前足を前に出し、覆いかぶさるようにしてフセをさせる。

8

足をおさえたまま、ゴロンと横に倒す。

9

下になっている前足を持ち、お腹をさわる。

あばれたら?

足をおさえたまま覆いかぶさっておさえる。逃がさないように注意。

10

足、シッポ、お尻など、体の各部をさわる。

11

犬の体を縦にしてフセに戻す。

12

オスワリをさせて、「よし」で開放する。

さわれないワンコはどうする?

さわろうとするとかもうとしたり、嫌がってできないときは、リードを使って行ないます。
次の中から、やりやすい方法を試してみましょう。

かまれても大丈夫な頑丈な靴を履いてやりましょう。

リードを引く

リードをつけて練習。かもうとしたら、すぐにリードを引っぱる。

おやつを使う

おやつをあげながら、食べているときに前足をさわる。

ほかの人におやつをあげてもらい、食べているときになでてもよい。

リードを踏む

リードを顔の近くで短く踏んでフセをさせ、かめない体勢にして、体をさわる。

首輪を持つ

首輪を持てる場合は、持ちながら顔に遠いところから少しずつさわっていく。

基本のしつけ……❸

アイコンタクト

目と目を合わせるアイコンタクトは、重要なしつけです。
名前を呼んだら飼い主の目を見るように練習しましょう。
犬が飼い主に注目して、指示を待つようになれたらパーフェクトです。

犬がきく耳を持つようになることが大切。
どんな状況でも、名前を呼ばれたら
見るように練習します。

1 リードをつけ、向かい合って
オスワリをさせる。
目と目の間におやつを
見せて名前を呼ぶ。

2 目が合ったらすぐに
おやつを食べさせる。

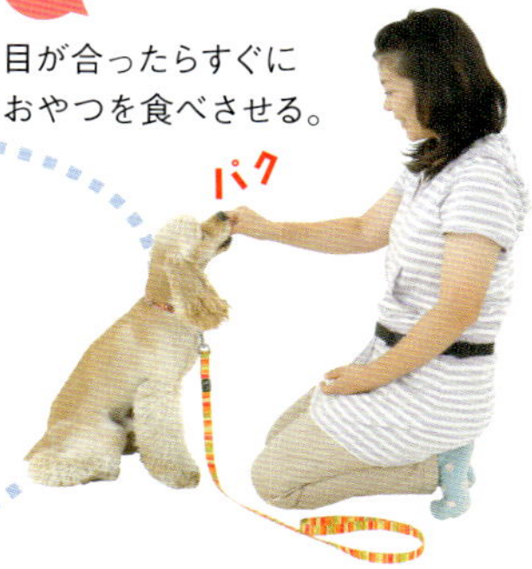

3 おやつを目線からはずして、名前を呼んで練習。

4 立ちあがって目と目の間の
距離を離した状態で、
さらに挑戦。

5 一瞬でも目が合ったら、
おやつをあげる。

Point

はじめはおやつを見ていても、呼ばれたら
人を見ることが大事。「目を見たらおやつ
がもらえた！」とおぼえさせよう。

アイコンタクトができると？

- 名前を呼んだら見るようになる。
- 飼い主の意思を気にかけるワンコに！
- 飼い主のいうことをきくようになる。

→ 信頼関係ができ、飼い主の指示に従うワンコに！

うまくできないときは？

おやつに飛びつこうとしたら「ダメ」などと言わず、無言でリードを引いてやり直す。

ステップUP

名前を呼ばずに無言で練習。どうしたらおやつがもらえるか考えるようになります。

1

名前を呼ばずに、無言でおやつを見せる。

2

はじめはおやつを見ていても、じっとしていると顔をあげて目が合う。

3

目が合ったら、すかさずおやつをあげて、なでてほめる。

✕ これはダメ！

犬がなかなか見ないからといって、自分から顔を近づけるのはダメ。犬がこちらを見るのを待とう。どうしたらおやつがもらえるか、犬に考えさせることが重要。

トレーニング・プログラム

ごほうびを使うオペラント技法で、オスワリなど指示語のトレーニングをします。
トレーニングの時間や言葉のかけ方、タイミングなどのコツをおさえて！

指示語のトレーニングには ごほうびをうまく使おう

「オスワリ」「フセ」など、決まった言葉に従わせる指示語のトレーニングは、ごほうびのエサを使うオペラント技法で練習しましょう。

おやつを使って犬を上手に誘導することで、「こうするとおやつがもらえた！」と犬が自分で考えながら学習。飼い主の言葉に従って、犬が自分から行動するようになります。

ハウス・トレーニングやタッチングなどで信頼関係ができていれば、飼い主にほめられるだけでも、犬にとってはうれしいごほうびになり、楽しくトレーニングできます。

トレーニングのPOINT

- **1回の練習は長くても30分**
  集中力が続くように短時間で、少しずつ毎日続ける。
- **ほめて教える**
  できなくてもしからない。できたらおやつだけでなく、ほめてなでる。
- **指示語は統一する**
  「オスワリ」「スワレ」など言葉を変えず、家族みんなで指示語を統一。
- **静かに落ち着いて**
  強く命令したり、何度もくり返すのではなく、静かに落ち着いて言う。
- **成功して終わらせる**
  できないままにせず、何かできたところでほめて終わらせるようにする。

オペラント技法の準備

オペラント技法は、おやつを使った訓練法です。おやつで行動を誘導し、どうしたらもらえるのか犬に考えさせることで、オスワリやフセなどを効率よく学習させます。

リードをつけて犬と向き合い、おやつに興味を持たせる。

少し食べさせ、もっと食べたい気持ちになったところで訓練開始！

オペラント技法に向く おやつは？

犬が興味を持つよう匂いが強いものがよい。
すぐ食べ終わる小さいサイズにできるものを。

鶏のささみ ゆでてちぎっておく。食いつきがよく、低カロリーでお腹にもやさしい。

犬用チーズ 小さくちぎれて便利。

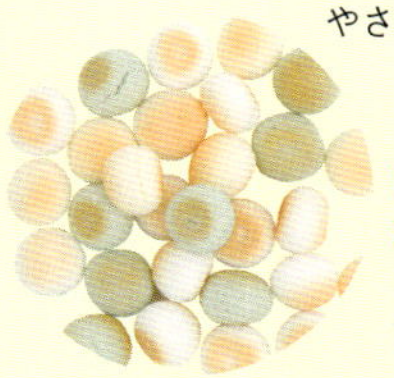

ビスケットやボーロ ひと口サイズで食べやすい。

指示語のトレーニングの手順

STEP 1 …… おやつを使って、犬の行動を誘導する。

おやつ、
くれるのかな？

はじめはおやつにつられてオスワリをするだけでOK。できる前におやつに飛びつかれたり、食い逃げさせないように注意！

STEP 2 …… ねらいどおりの行動ができたら、すぐにごほうびのおやつをあげる。

もらっちゃった。
もぐもぐ
もぐ
もぐ

おやつはすぐに食べ切れるひと口サイズに。すぐ食べ終わり「また、もらえる?」という気にさせること。犬はどうしたらおやつがもらえるか考えるようになる。

STEP 3 …… なでたり、言葉でもほめてあげる。

わーい♪
イイコ

ごほうびのおやつだけで教えていると、ごほうびなしではやらないようになってしまう。なでたり、「イイコ」などほめることも忘れずに。

STEP 4 …… 同じ手順で何度かできたら、まずなでてほめてからおやつをあげる。

ほめられるのも
うれしい！
イイコ

さわられるのを嫌がらなければ、なでることがごほうびになる。

STEP 5 …… できるようになってきたら、そのタイミングで「オスワリ」と指示語をかぶせて言葉もおぼえさせる。

オスワリだ
ワン！
ペタン
オスワリ

すぐにはできないので毎日少しずつ、気長に練習することが大事。指示語だけでできるのが最終目標。

オスワリ

犬をすわらせて落ち着かせ、指示を待つ状態にさせます。できるようになったら、おやつなしでも練習しましょう。

1

くんくん

犬と向かい合い、手にごほうびのおやつを持ち匂いをかがせる。

2

無言でおやつを持った手を、鼻先から頭の上のほうに動かす。

3

すわったら
もらえた！
もぐ

おやつにつられて顔を上げ、すわったところで食べさせる。

4

オスワリ

できるようになったら、すわる瞬間に「オスワリ」と声をかける。やがて、おやつがなくても声だけでできるように。

ステップUP

Point なでられ、ほめられるのもごほうび。おやつなしでもできるようにする練習。

1

なでなで
もぐ

オスワリができてごほうびを食べているときに、体をなでる。

2

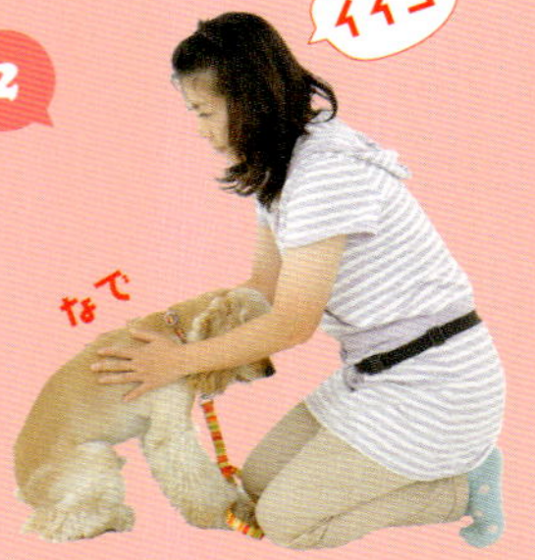
イイコ
なで

食べ終わってからも、なで続けてほめる。

3

キュ

なでられるのを嫌がったり立ちあがったりしたら、リードを引いて座らせる。

4

イイコ

できたら顔を上げて、犬と目を合わせてほめる。

これはダメ!!

手の位置がNG！

おやつを持つ位置が高すぎると、犬が飛びついたり、立ちあがってしまう。

押すのはダメ！

ギュ〜
ぶるぶる

ムリにすわらせようと背中を押すと、かえって足をつっぱってしまう。

指示語を何度も言わない

オスワリ
スワレだよ
スワレ

ただ「オスワリ！」とくり返してもダメ。すわる瞬間に言葉をかける。

オスワリはトレーニングの入門

オスワリ
できたワン！

オスワリは、おぼえやすい指示語です。まず、オスワリができるようになるのが最初の目標。オスワリができるようになったら、ほかのトレーニングにすすみましょう。

おやつでできないときは？

おやつを使っても、うまくできないワンコは、首輪とリードを使って、自然にすわるように誘導しましょう。

オスワリ
キュ

1 「オスワリ」と言いながら、リードを上に引く。

オスワリ
イイコ

2 体がさわれる犬なら、同時にお尻を軽くおさえてすわらせる。すわったらほめよう。

指示語のトレーニング……❷

フセ

「**オスワリ**」よりリラックスして、休んで待つ体勢です。オスワリをしっかりマスターしてから練習しましょう。

1 リードを持って向かい合ってオスワリをさせ、持っているおやつの匂いをかがせる。

2 おやつを持った手を、顔が下がるように低い位置に動かして誘導する。

3 フセになったところで、おやつをあげて食べさせほめる。

4 できるようになったら、犬が伏せる瞬間に合わせて「フセ」と声をかける。

できないときは

足の下からおやつを見せ、匂いをかがせてくぐらせる。体を低くするので、自然にフセの体勢に。

どうしてできないの？

フセは体を低くして瞬時に動けない体勢です。犬が安心できる状況でないと伏せようとしないので、はじめは室内など落ち着ける場所で練習しましょう。

これはダメ!!

両足を持って、ムリにフセをさせようとしてもダメ。
犬が自分からするように誘導するのがコツ。

ムリやりはNG！

ごほうびを食い逃げさせない！

おやつは結果として、ちゃんとできたときにあげること。できないときはオスワリをさせてから食べさせるなど、あくまでも「ごほうび」として使いましょう。かならず食べさせるのではなく、ほめるだけのときがあってもOKです。

ジェスチャーでトライ！

指示語のトレーニングは、無言でジェスチャーだけでもできるように練習してみましょう。

オスワリ

指示語でできたら、「オスワリ」と言いながら人差し指を差し出すジェスチャーをする。

オスワリができたところでほめる。くり返し行ない、無言でジェスチャーだけで練習する。

フセ

「フセ」と言いながら、手の平を下に向けるジェスチャーをつける。

フセができたらほめる。ジェスチャーのみでもできるよう練習する。

指示語のトレーニング……❸

マテ

犬をその場で静止させたり、待っていられるようにします。オイデとセットで教えます。くり返して練習し、マスターを。

1

リードを持って向かい合い、すわらせる。オスワリができたらごほうびをあげる。

NG POINT

おやつを高い位置に持って見せると、立ってしまうのでダメ！

2

おやつを見せて「マテ」と言いながら一歩下がる。

3

犬が動かずにいたら、すぐに戻っておやつをあげる。

4

待てずに動いてしまったときは、はじめからやり直す。

5

少しずつ待たせる時間を長くしてみる。

Point

はじめはおやつにつられて動いてしまうので、一瞬でも待てればOK。

応用

1

マテができたら、まず戻ってなでてほめ、そのあとごほうび。

2

できるようになったら、アイコンタクトをしてから、ごほうびをあげる。

3

ジェスチャーをつけると、言葉だけよりおぼえやすい。手を出して「マテ」。

4

離れる距離を少しずつ遠くして練習する。

できないときは

リードを使ってコントロールしよう

犬が伏せたり、立ってしまうときは、リードをキュッと引いてすわらせてから、再スタート。

「マテ」ができれば危険を防げる

犬が危険やトラブルに合うのを防ぐには、飼い主がコントロールできなければなりません。道路への飛び出し、ほかの犬に向かって行く、拾い食いをするなど、すべて「マテ」で制止できるようにしましょう。

ステップUP ものを追いかけない練習

1 興味が引かれても勝手に行かない練習。ボールをころがす。

2 追って行きそうになったら「マテ」でリードを引く。

3 ボールをまた投げてマテをかけ、行かずに待っていたらOK。

4 「よし」で別のボールをあげて遊ばせる。

指示語のトレーニング……❹

オイデ

どんなときでも、飼い主のひと声で
戻ってくるようにします。室内で練習してから、
屋外でロングリードを使って挑戦しましょう。

1

オスワリ

向かい合ってオスワリをさせる。

2

マテ

「マテ」をかけて、1歩下がる。

3

オイデ

離れたまま「オイデ」と言いながら下がる。

4

もぐ

こちらにきたら、後ろに下がりながらごほうびのおやつを食べさせる。

5

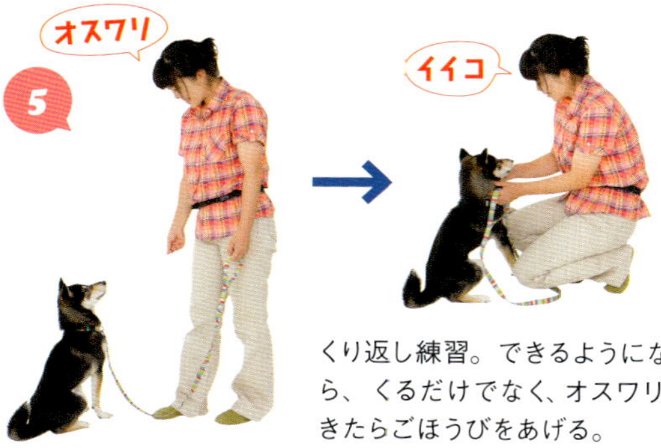
オスワリ
イイコ

くり返し練習。できるようになったら、くるだけでなく、オスワリができたらごほうびをあげる。

6

じ
イイコ

さらに、すわってアイコンタクトをとれたら、ごほうびをあげる。

ステップUP

1

マテ

屋外でロングリードをつけ、オスワリをさせて「マテ」をかける。

2

犬から離れていく。途中で動いてしまったら、1からやり直す。

3

オイデ
たっ たっ

「オイデ」で呼ぶ。

4

イイコ

きたら、ごほうびをあげ、なでてほめる。

指示語のトレーニング……5

ゴハンのマテ

ひと口ずつマテをさせる方法と、お皿で練習する方法があります。どちらでもOK。やりやすい方法で練習しましょう。

ひと口バージョン

1 リードを短く持って、何も入れていない皿を置く。

2 ひと口分のフードを持って匂いをかがせ「マテ」と言って皿に入れる。

3 食べようとしたら「マテ」とリードを引いて食べさせない。

4 何度かやってみて、少しでも待てたら「よし」で食べさせる。ひと口分ずつくり返す。

お皿バージョン

1 皿にひと口分だけフードを入れる。

2 リードを持ち、もう片方の手で皿を持つ。

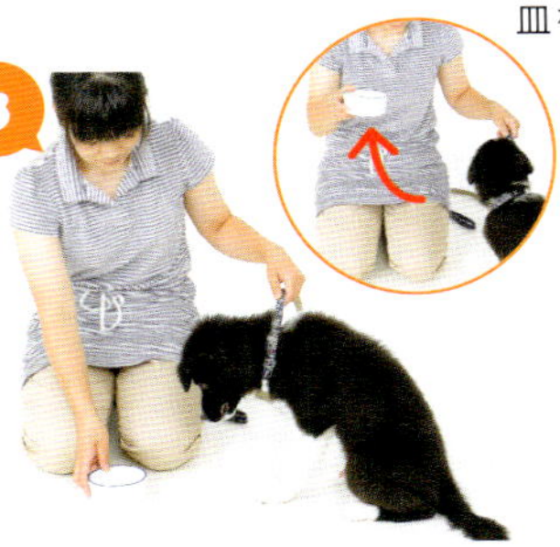

3 皿を置き、食べようとしたら「マテ」とリードを引いて皿を持ちあげる。

4 ❸をくり返して、待つようになったら「よし」で食べさせる。

Point ひと口ずつ、アイコンタクトができれば、信頼関係を深める効果がアップ！

ステップUP

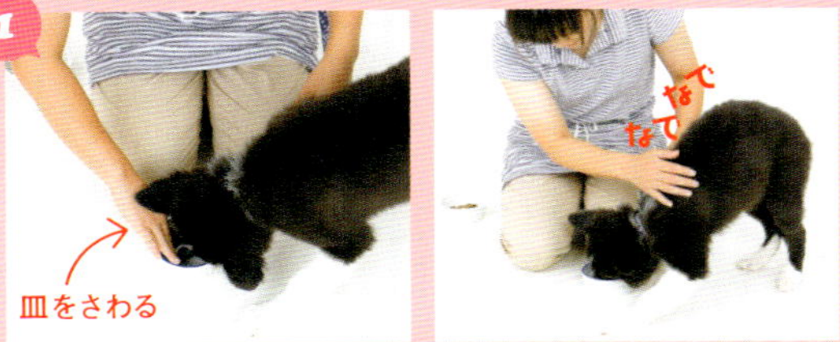

1 食べているときに、皿の中に手を入れたり、体をさわったりする。

2 フードを入れて名前を呼び、アイコンタクトができたら「よし」で食べさせる。

指示語のトレーニング……❻

ハウス

ハウス・トレーニング（P72）とは別で、
指示語でハウスに入る練習。はじめはおやつを
使って練習し、出ようとしなくなればOK！

1

首輪とリードをつけ、ハウスの前でおやつの匂いをかがせる。

2

犬に見えるように、おやつをハウスに投げ入れる。

3

おやつにつられて、犬が入るときに「ハウス」と声をかける。

4

はじめは食べたら出てくるので、何度かくり返して行なう。

5

出てこなくなったら扉を閉め、閉めたままおやつをあげる。

6

扉を開けて出そうになったら、軽く鼻にあてるように扉を閉める。

7

開けても出てこなくなったら、「よし」で出して外でおやつをあげる。

8

よくほめて終わりにする。やがて「ハウス」の声で入れるように。

できないときは

1

ハウスの屋根をはずし、おやつを使って同じように練習。

2

おやつを中に入れて誘導する。

3

中でおやつを食べさせ、ハウスになれさせる。

指示語のトレーニング…… 7

ダシテ

くわえているおもちゃや拾い食いなど、
くわえたものを出させる指示語。「**ダセ**」「**ヤメ**」など。
ほかのおやつと交換して練習してもOK。

1

くわえているおもちゃを放させたいときは…。

2

「ダシテ」と言ってやめなければ、リードを上に引くと自然に落とす。

3

何度かくり返すと、「ダシテ」の言葉で放すようになる。

4

指示語で放すようになったら、また遊ばせる。最後は出させる。

できないときは

なかなか言葉だけでできないときは、おやつを使って。「ダシテ」と言いながらおやつを見せ、おやつをあげておもちゃを放させます。おやつでできないときは、別のおもちゃと交換するように練習してもOK。

指示語のトレーニング……❽

オテ・オカワリ

「**オテ**」を練習すると、
人に足先をあずけたり、
さわられても大丈夫になります。
手足をふく練習としても
おすすめです。

オテ

1
オスワリ

向かい合ってオスワリをさせる。

2
くんくん

おやつを持った手をグーにして、匂いをかがせる。

3
オテ

もぐ

犬が「ちょうだい」と前足を手にかけたら「オテ」と言って手を開き食べさせる。

4
にぎにぎ

食べているときに、手で足先を下からよくさわる。

オカワリ

1
オテ

オテの続きで行なう。

2
オカワリ

?

手を一度ひっこめて「オカワリ」と言って手を出す。同じ足を出したときは手を引く。

3
オカワリ
!

もう一度「オカワリ」と出して、反対の足が出たときにおやつを食べさせる。

指示語で遊ぼう

トレーニングは犬も人も、楽しく行なうのがコツです。コミュニケーションを深める指示語で遊びましょう。

オマワリ

おやつを見せて、おやつを追わせるように動かす。

体のまわりでおやつをまわし、ときどき食べさせながら一周。

できるようになったら「オマワリ」と声をかけながらまわらせる。

ゴロン

はじめにフセをさせる。

顔が後ろに向くように、おやつで誘導して……。

そのまま自然に寝ころんだら「ゴロン」と声をかける。

ゴロンの体勢でおやつを食べさせ、おなかをなでる。

「ゴロン」の言葉だけでできるように。

抱っこ

おやつを右手に持ってヒザに乗せ、気を引く。

「抱っこ」と言って、乗ってきたら食べさせる。

乗らずに食べようとするときは、おやつが届かないようにする。

「抱っこ」の言葉で乗ってくるようになればOK。

ワンコと室内遊び

犬と一緒に激しく遊ぶのは、
公園など屋外がおすすめです。
室内ではリラックスして過ごし、
静かにできる遊びをしましょう。

室内では静かに遊ぼう。外遊びとのメリハリをつける

犬は飼い主さんに遊んでもらうのが大好きです。散歩はもちろん、部屋の中でもおもちゃで引っぱりっこをしたり、ボール遊びをせがんだりするワンコもいます。

ただし、走ったりする激しい遊びは、犬のテンションが上がってしまうので、室内ではしないこと。アクティブな遊びは、お出かけのときのお楽しみです。家の中では静かに、落ち着いて過ごせるようにしましょう。

トレーニングも楽しい遊び

おやつやおもちゃを使った指示語のトレーニングは、犬にとっては楽しい遊びになります。犬が飽きないように短時間で、たくさんほめながら行ないましょう。室内は気が散ることが少ないので、集中してトレーニングできます。

室内でできる遊びは？

犬を軽く運動させるなら、トンネルやジャンプ（P55）などがよいでしょう。ゴロンや抱っこ（P93）なども、人を信頼して大好きだからこそできる遊びです。

おやつを仕込めるおもちゃもあるので、ゲーム感覚でおやつ探しをさせてもOK。部屋のどこかにおやつを隠したり、人が隠れて「オイデ」をするかくれんぼも、室内遊びとしておすすめです。

part 5

ワンコが喜ぶ！散歩と遊び

散歩は楽しいレクリエーション

一緒に歩いてリフレッシュ ワンコと散歩を楽しもう！

普段は部屋で過ごす室内犬にとって、散歩は気分をリフレッシュし、軽い運動や、日光浴をするという役割があります。さらに、よその犬に会ったり、外の刺激に触れたりと、社会性を身につける大切な時間です。

散歩は犬との信頼関係を深めるチャンスなので、人が主導権を握って、リーダーウォーク (P 99) を基本に歩かせるようにしましょう。散歩は、激しい運動をさせたり、排泄させることが目的ではありません。あくまでもレクリエーションとして楽しむのがポイントです。

散歩の目的

外を歩いてリフレッシュ。
気分転換になる。

飼い主さんにツイテ歩いて
信頼関係を深める。

ほかのワンコに会ったり、
外の世界を経験し、
社会性を身につける。

ときには公園で
ボール遊びやかけっこをして
ストレス解消！

散歩の 基本ルール

散歩の時間は決めない

習慣がつくとその時間に催促して吠えたり、行けないとストレスになってしまう。時間は決めない。行かない日があってもOK。

雨じゃ散歩はナシね…

散歩コースはその日の気分で

決まったコースだと犬のなわばり意識が高まるので、コースは決めずにランダムに。所要時間も日によってちがってOK。

今日はこっち…
おや?

人が主導権を握る

しつけのためにも犬の安全のためにも、主導権はつねに人が握ること。人の横に「ツイテ」歩かせるのが基本。

散歩＝トイレではない！

しました〜！
じゃ、お散歩いこう！

外でしか排泄できないと病気のときなども大変。散歩は家で排泄させてから行くこと。ただし、水とウンチ袋は持っていく。

散歩の持ち物

水
おやつ
散歩バッグ
ウンチ袋
飲み水容器
ロングリード
おやつ入れ

飼い主が気をつけたい 散歩のマナー

散歩はリードをしっかり持って、犬の行動をコントロールします。公園などでもリードを放すのは厳禁。トイレは外でさせませんが、ウンチ袋やオシッコを流すための水など後始末の準備はしましょう。犬が苦手な人がいることも忘れずに！

立ち位置の基本

犬は人の左側につかせる。リードが張らず、手を下ろしたとき少したるむくらいの長さにする。

正しいリードの持ち方

コントロールしやすいように、リードは手元で短くたたんで左手に持つ。

めざせリーダーウォーク!!
お散歩に行こうか
やった!! においをかぎまくる時間だ♪
プリ
プリ
こらこら ひっぱるなよ
グイグイ
クンクン
ちゃんと歩こうよ!!
クンクン
イヤ〜いつもすみませんねえ…
……
くんくんくん
しつこい…
キャンキャン
いいかげんにしなさい!
クンクン
ピクッ
クンクン
コラッ!
みかけないヤツ!!
キャンキャン
WAN WAN
なんとかせねば…
ワンコのしつけ
次の日
さあ散歩にいくよ!
ビシッ
あれ? なんだかいつもとちがう… ちょっと、たのもしい感じ…

基本のしつけ リーダーウォーク

犬は群れの先頭を歩くリーダーについていくという本能があります。人が主導権を握って歩き、ついて歩かせるリーダーウォークは、自然に主従関係を築くことができる有効なしつけです。

リーダーウォークって？

犬がリードを持っている人に注目し、横について歩けるようにするしつけ。リードを持った人は犬を見ずに無言で、ときどき方向を変えながら歩く。

リーダーウォークができると？

- 飼い主がリーダーであると犬が認識する。
- 飼い主に従う気持ちがでるため、ほかのしつけもしやすくなる。
- 好き勝手に歩こうとしなくなり、拾い食いや飛び出しなど危険を予防できる。

さあ、練習しよう！

1 リードは短めに持ち、犬が行こうとするのとは逆方向に、犬を見ずに無言で歩く。

2 犬が前に出るとリードが張ってしまう。

3 一瞬、リードがゆるむように犬に近づく。

4 次の瞬間、すぐにくいっとリードを引いて逆方向にターン。

Point 目を合わせず、声をかけない！

犬と向き合ったり目を合わせると、敵対することになってしまいます。犬を見ずに無言で歩き「あれっ、行けない」と思わせるのがコツ。

5

犬が遅れたときは…。

6

リードがはっているときは、一瞬リードをゆるめてからターンする。

7

人について歩かないと首に負担がかかるので、だんだん人を見て歩くようになる。

8

犬が前に出たり、遅れたりしなくなってきたらOK。リードをゆるめた状態で歩けるようになる。

ステップUP

犬がつねに人の左について歩けるのが理想。うまくできると、人が止まると犬も止まるようになる。止まったらほめよう。

人が立ち止まると犬も止まり、その場でオスワリができればカンペキ。信号待ちで止まったときなど、この形になるのが理想的。

うまくできないときは？

リードがピンと張っていると、犬はますます引っぱりたくなってしまいます。少しゆるめた状態でくいっとターンし、歩く方向を変えるのがコツ。

指示語のトレーニング ツイテ

狭い歩道や人とすれちがうときなど、飼い主の横について歩かせることが大切です。「ツイテ」という指示語で教えましょう。

ツイテって？

基本のリーダーウォークができたら、指示語の「ツイテ」を教える。「ツイテ」のひと言で横について歩き、止まるようにする。

ツイテができると？

- 人が多い場所でも安心して歩ける。
- よその犬がいても、気にせずに歩ける。

横を
歩いていれば
安心だワン

さあ、練習しよう！

1 犬を人の左側にすわらせてスタート。ごほうびのおやつを右手に持ち、左手にもひと口分だけ持つ。

ぱく

2 1歩踏み出して、犬もそのまま1歩出て止まったら、左手でおやつをあげる。

Point 1歩、3歩と少しずつ歩数をのばし、同じようにくり返し行なう。

ツイテ

3 できるようになってきたら、歩き出すときに「ツイテ」と声をかける。

Point ときどき方向を変えたり、止まったりしながら、おやつの回数を少なくしていく。

イイコ

4 最後はおやつなしでもできるように、ほめながらやる。

こんなとき
どうする
?

散歩のトラブル解決法

散歩のときに起こりがちな困った行動の対処法を紹介します。

トラブル 1　リードをぐいぐい引っぱって歩く

A　リーダーウォークを練習しよう

ぐいぐい歩く犬とリードを引っぱり合ったり、言葉だけで止めようとしてもムリ。まずは無言のリーダーウォーク(P99)で主従関係をはっきりさせましょう。リーダーウォークがやりやすい、補助的な首輪を使うのもおすすめ。

犬を見ずに人が行きたいほうに歩く。

マズルに輪がかかるジェントルリーダーは、小さな力でも顔の向きを変えやすい。

イージーウォークは首と胸にかかり、方向を変えやすい。

子どもがリードを持てないときは？

家族全員、それぞれリーダーウォークできるのが理想ですが、大型犬などは無理しないこと。大人がリードを持って、子どもが犬よりも前を歩くようにすればOK。

トラブル 2　落ちているものを食べてしまう

A　トレーニングで解決！

落ちているものを食べると危険です。とっさに引きとめられるようにトレーニングをしましょう。

拾い食い予防のトレーニング

オスワリをさせる。

おやつを落としてみる。

行って食べそうになったらリードをキュッと引く。

何回か繰り返すと行かなくなり、待つようになる。

拾い食いさせず、手からあげたおやつを食べさせてほめる。

トラブル 3 ほかの犬に吠えたり、向かって行く

A リードとおやつで練習しよう

まずはリーダーウォークやツイテができるようにすること。おやつで犬の気をひいたり、犬をおさえて相手がすれちがうのを待ちます。

すれちがう練習

犬が前からきたら、立ち止まってマテをかけて、おやつを食べさせる。

向かって行きそうなときは、首に近いところでリードを踏み、伏せるくらいの低い体勢にさせるとよい。

リードを短く持ち、オスワリをさせてもOK。

見ているだけで待てるようならOK。

トラブル 4 散歩中にすわりこんでしまう

A 無言でリードを引く

散歩中に歩かずにすわりこんでしまうときは、無言でリードをチョンと引きます。リーダーウォークの練習もしましょう。小型犬は、甘えて抱っこしてほしくて、すわることがありますが、リードでコントロールして自分で歩かせましょう。同じ場所で止まるなら怖がる原因があるはずなので、道を変えるようにします。

トラブル 5 自転車や走る人を追いかける

A リードを一瞬ゆるめてから引く

犬は逃げるものを追う習性があるので、リーダーウォークとマテで制御できるようにするのが理想。追いかけようとしたら一瞬リードをゆるめてから、キュッと引いてやめさせます。

リードをチョンと引いて歩かせる。

リードをちょっとゆるめてから、キュッと引く。

屋外で遊ぶ 1

ボール遊び

ボールを
渡せるように
練習するワン

投げたボールをとってくるのは狩猟本能を満たす楽しい遊び。
モッテとダシテでボールを持ち逃げしないように練習を。
呼び戻しができないコは「オイデ」(P88・111) から練習しましょう。

モッテ&ダシテ

ボールやおもちゃをくわえたり、
ダシテの声で出せるように
する練習。

モッテ

おもちゃを見せて興味を持たせる。「モッテ」と声をかけながら、口にくわえさせる。

ダシテ

モッテができるようになったら、「ダシテ」と言いながら出させる。

イイコ

出したらごほうびのおやつをあげてほめる。ほめるだけで出せるように何度も練習を。

モッテオイデ

離れたところにあるおもちゃなどを
持ってきて出す練習。

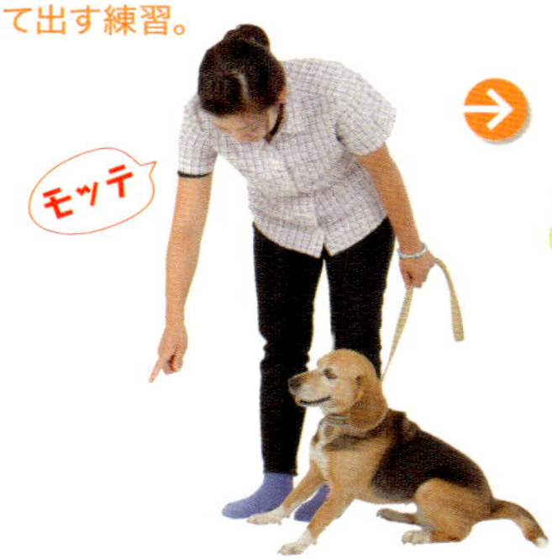
モッテ

おもちゃを近くに投げ「モッテ」と声をかける。

オイデ

おもちゃをくわえたところで「オイデ」で呼び戻す。

ダシテ
パク

イイコ

「ダシテ」でおやつと交換してほめる。「モッテオイデ」でできるように練習しよう。

ボール遊び

リードをはずして遊ぶのは、
リードをはずしてもOKのドッグランや
公園などに限ります。

1

オスワリをさせてボールを見せ、興味を引く。

2

ボールを投げる。

3

走ってとりに行く。

4

ボールをくわえたら「オイデ」で呼び戻す。

Point

最後はかならず「ダシテ」でボールをとりあげて終わらせる。

5

戻ってきたら「ダシテ」で出させる。ここでおやつをあげてほめてもOK。

6

ダシテができたら、またボールを投げて、くり返し遊ぶ。

ボールを２個使う

かならずボールを渡すようにボールを２個持ち、もう１個のボールと交換するとよい。いずれも最後はボールをとりあげる。おやつと交換してもOK。

屋外で遊ぶ 2

フライング・ディスク

ボールとちがい、はじめは興味を持たないワンコもいるので、
ディスクにならすところからスタート。
愛犬と一緒に参加する競技大会も開催されています。

ディスクにならす練習

はじめはディスクをくわえる練習から。
エサを使って興味を持たせます。

1

ディスクに興味を持つよう、
おやつを乗せて食べさせる。

2

ディスクを手で動かし、
犬に追いかけさせる。

3

ディスクをかませて、
かんだ瞬間に手を放してみる。

4

ちょっとだけ投げてキャッチさせる。

5

ディスクを投げる。
犬がキャッチしやすいよう水平に投げる。

フライング・ディスクで遊ぶ

犬がくわえやすいように平行に投げるのがコツ。
リードを離してもよい場所で、くり返し練習しましょう。

1

ディスクを見せて動かし、犬に興味を持たせる。

2

水平にディスクを投げる。

4

犬が投げたディスクをキャッチ！

4

「オイデ」と声をかけ、呼び戻す。

5

戻ってきたら「ダシテ」でディスクをとりあげ、ほめる。

6

何度かくり返し投げて遊ぼう。最後はかならずとりあげて終了。

フライング・ディスク遊びが好きな犬種は？

代表的なフライング・ディスク・ドックは、ボーダー・コリー、レトリーバー、シェパード、シェットランド・シープドックなど。牧羊犬、狩猟犬は得意なコが多いようです。しかし、興味を持てば楽しく遊べるので、犬種にこだわらず練習してみましょう。

ドッグカフェに行こう

ワンコと一緒にカフェデビューしよう！

ワンコと一緒に行けるドッグカフェは、ワンコ飼いなら行ってみたい場所のひとつ。普通のカフェでテラス席だけ犬連れOKや小型犬のみＯＫなどのほか、犬専用メニューがあるドッグカフェまで、お店のタイプはさまざまです。あらかじめ確認しておくとよいでしょう。

ドッグカフェに行くときは、入店前に犬のトイレをすませておき、店内では犬を静かに伏せさせておくのが基本。スワレとフセをマスターしてから、カフェデビューを！

カフェのマナー

人が先に入る
ドアの開閉など、人が先に入ってからリードを持って犬を入れる。

マットで足元に
店内では飼い主のイスの足元で、マットにフセをさせるのが基本。

人の食べものをあげない
人の食べものをおすそ分けしたり、テーブルに足をかけてねだったりさせない。

イスに乗せない
店によってルールがちがうが、基本的に犬は床で過ごさせる。

フセで待つことを教える

1

マットの上にオスワリをさせる。

2

そのままフセをさせ、「マテ」をかける。

3

イスにすわっても、動かずにその場で待てたらごほうびのおやつをあげる。

4

できたらなでて「イイコ」とほめる。

うまくできないときは？

落ち着いてフセができないときは、首の近くでリードを踏んでフセの体勢にさせる。無言で行なうと犬もあきらめて静かに休む。

ワンコのゴハンは？

ワンコ用メニューや飲み水は、床に置いて食べさせること。

ドッグランに行こう

たくさんのワンコが集まるから　ルールを守り、危険から守る

ドッグランはノーリードで犬を自由にできるので、室内犬にとっても楽しく遊べる場所です。ただし、同時に多くの犬が放され、しつけができていないワンコがいる場合もあります。ドッグランに行くときは、トラブルがないように、飼い主さんが犬から目を離さないことが必須条件です。ワクチン接種をかならず済ませておきます。

また、犬を放すのですから、呼び戻しができることが鉄則。夢中で遊んでいても「オイデ」で呼び戻せるように、公園などで練習してからドッグランにデビューさせましょう。

ドッグランのマナー

- **リードをいきなり放さない**
  ドッグランに入ったら、犬が状況になれて大丈夫そうなのを確認してから放す。
- **犬から目を放さない**
  遊ばせている間は、自分の犬から目を放さないこと。興奮したり、ほかの犬にしつこくしていたら呼び戻して落ち着かせる。
- 発情期のメスは連れて行かない
- トイレをすませてから入る
- ほかの犬に勝手におやつをあげない

オイデで戻ってくる練習

基本の**マテ**（P86）と**オイデ**（P88）を練習し、屋外ではロングリードをつけて練習しよう。

1 ロングリードをつけて、犬を自由に遊ばせる。

2 「オイデ」で呼ぶ。

3 戻ってこないときは、リードをたぐり寄せる。

4 手元まできたら、おやつをあげる。

Point

食い逃げさせないように、しっかり足元まできてからあげるのがコツ。

5 オイデで戻ってこられるようになったら、ほめるだけでできるように練習しよう。

ドッグランではムリじいさせない

シャイだったり、ほかの犬が苦手なワンコもいます。ムリにほかの犬と遊ばせる必要はないので、様子を見て、嫌そうだったらやめましょう。

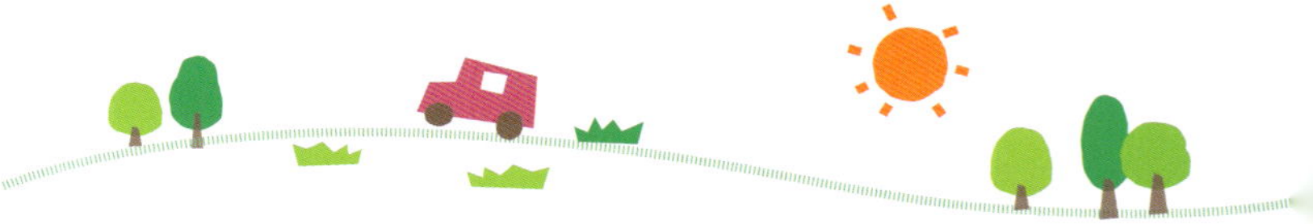

一緒に ドライブ＆お出かけ

長時間ドライブもなれれば大丈夫！

犬を車に乗せるときは、抱っこして乗ったり、車内で自由にさせるのはとても危険です。かならずハウスなどに入れておくこと。ハウスに入っていたほうが、犬も落ち着き、また、安全に過ごせます。

車酔いするコは、少しずつならしましょう。はじめは病院などではなく、犬が喜ぶ公園などを目的地にします。楽しい体験をさせて、ドライブ好きなワンコにしましょう。

乗り物酔いの予防策

- いきなり長時間乗せず、短時間ずつならしていく。
- 車に乗る日は、朝から食事を抜いておく。
- 動物病院で予防薬を出してもらってもOK。

安全な乗り方

普段から使っているハウスに入れ、シートベルトで座席に固定する。

電車やバスに乗る

電車やバスに乗るときは、キャリーバッグなどで手荷物として持ち込みます。顔を出したりせず、完全に閉まるタイプのバッグに入れること。交通機関各社により大きさの制限や有料、無料など条件がちがうので、事前に調べておきましょう。

車に乗る練習

止まっている車に乗せて、シートで遊ばせるなど車内にならす。

→

なれてきたらハウスに入れて乗せ、近所を走ってみる。

→

今日は
いつもより
ちょっと長い？
どこいくのかな？

少しずつ乗る時間、距離をのばしてドライブにならす。

ハウスをしっかり教えて ワンコと旅行に行こう！

ペットOKの宿を利用して、家族みんなで旅行に行くのも楽しいもの。ハウスやトイレのしつけができていれば、よそに行っても問題なく過ごせます。

宿の館内では、犬はキャリーバッグに入れるか、リードをつけて歩かせます。なれない場所やほかの犬の匂いなどで、不安になってしまうこともあるので、普段から使っているハウスやタオルなどを持参するとよいでしょう。

旅行の持ちものリスト

- ☐ ハウスやキャリーバッグ
- ☐ 首輪とリード・ロングリード
- ☐ ドッグウエア
- ☐ 散歩バッグ
- ☐ フードとおやつ
- ☐ 食器と水容器
- ☐ ペットシーツ
- ☐ ウェットティッシュ
- ☐ 消臭スプレー
- ☐ ウンチ用袋・ビニール袋
- ☐ タオル
- ☐ 粘着ローラー
- ☐ ブラシ・クシなど
- ☐ おもちゃやボール

宿泊のマナー

食事のときは足元でフセ

食事の場所に犬を同伴できる場合は、リードをつけて足元でフセが基本。静かにできないようならハウスに入れ、部屋で留守番を。

客室内での過ごし方

宿のルールに従うこと。室内で放せる部屋でも、ソファやベッドには乗せないのがマナー。夜はハウスかマットを置いて寝かせよう。

トイレはペットシーツで

排泄はペットシーツでさせ、指定された場所に捨てること。もし館内で排泄してしまったら、片づけるだけでなく宿の人にも伝えること。

チェックアウトの前に

部屋は軽くそうじし、粘着テープなどで抜け毛などをきれいにしておこう。

ペットホテル&ペットシッターを利用する

ペットホテルに預ける

旅行などの留守中は、犬をペットホテルに預けるという選択もあります。専門のペットホテルのほか、動物病院やペットショップ、ドッグサロンなどに併設されているところなど形態はさまざまです。

宿泊中は個別ケージに入るのが基本なので、ハウスができることは必須条件。散歩以外はずっとケージ内に入れるところ、オープンなスペースで過ごさせるところなどがあるため、犬の性格もふまえてホテルの環境をチェックし、選ぶとよいでしょう。なお、体調に問題があったり、投薬しているときは、かかりつけの動物病院に預けるのが基本です。

ペットホテル選びのチェックポイント

- □ 施設を見学させてくれる。
- □ 施設が清潔で、世話が行き届いている。
- □ 預かる犬にワクチン接種を義務づけている。
- □ 犬の病歴や健康状態、普段の食事の内容などくわしく聞いてくる。
- □ 犬同士の接触に気配りをしている。
- □ スタッフが犬に愛情をもって接している。
- □ 動物取扱業の登録免許証がある。

預けるときの確認事項

- 犬の健康状態
- 緊急時の連絡先
- 持ちものチェック

首輪、リード、1食分ずつ小分けしたフード、お気に入りのおもちゃ、予防接種証明書など。ホテルによって異なる。

ペットシッターを頼む

ペットシッターに家にきてもらい、ゴハンや散歩の世話をしてもらうことも可能です。ペットホテルと比較すると、犬が普段通りに家で過ごすことができるためストレスがかからない、送迎がいらない、ほかの犬との接触に関する心配がないというメリットがあります。

デメリットは世話が短時間であること、留守宅の鍵を預けなければならないことなど。事前の打ち合わせを十分行ない、シッターの身分証明や契約書などを確認するとよいでしょう。シッター中の写真つき報告書を提出してくれるなど、安心して預けられるところを選びましょう。

預けるときの確認事項

- 犬の健康状態
- 緊急時の連絡先
- シッターの身分証明
- 契約書、合鍵の預り証

part 6

こんなときどうする？
トラブル対処法

室内犬の「困った！」を解決する

問題解決のPOINT

POINT 1 基本のしつけで信頼を築く

問題行動がある場合は、ハウス・トレーニングからやり直しを。基本のしつけ（P72~78）で信頼関係を築くと、困った行動が自然に減ります。

POINT 2 環境＆健康チェック

ハウスやトイレの場所など環境の問題がある場合は、見直しを。そそうなどは体調が原因の場合もあるので、必要に応じて病院へ。

POINT 3 無視または天罰で！

しつけで問題行動をやめさせるには、悪いことをしているときは無視するのが基本。すぐにやめさせたいときは、犬に嫌なことが起こる天罰方式で解決を。

どうしてするのかな？問題行動の原因を考える

犬が吠えてうるさい、人をかもうとする、トイレをおぼえないなど、困った行動が見られることもあるでしょう。こうした行動を飼い主がコントロールできないと、室内で飼うのがむずかしく、近所迷惑やトラブルにつながる心配もあります。

問題行動をやめさせるには、まず、その行動の原因を解明することが大切です。たとえば犬が吠え続けるのなら、吠えている原因をなくせば、簡単にやめさせられます。犬の気持ちを理解することで、解決策が見つかるはずです。

室内飼いでの放し飼いが問題行動の原因に!?

問題行動があるワンコは、放し飼いにされていることが多いようです。放し飼いだと家全体をなわばりとして守ろうとし、ムダ吠えやトイレの失敗が起きやすくなります。また、人がリーダーになれていないことも多く、それが問題行動を招きます。

まず、放し飼いをやめ、ハウス・トレーニング（P47·72）をして、犬にあきらめることを学習させましょう。それだけで、多くの問題行動が解決します。もちろん問題行動がとくにない場合は、放し飼いでもOKです。

解決方法は2パターン！

行動によって対処法を考える

ココに注意！

できるだけ失敗させない！

たたかない！しからない！

言葉だけで教えようとしない！

問題行動をさせない！

「やめさせる」より「させない」が理想

犬は本能や習性に従って行動しています。人にとって困る行動があるときは、その原因を解明してとり除いてあげましょう。

本能的ななわばり意識、警戒心や恐怖心などからくる行動は、人がリーダーとなって安心させればなくなります。飼育環境を見直し、基本のしつけをするだけで、多くの問題行動が解決！　人がコントロールできれば、人も犬もうれしいのです。

環境の見直し

放し飼いにせず、落ち着ける居場所、ハウスで過ごさせる。

基本のしつけ

タッチング（P50･74）やリーダーウォーク（P99）はすべてのしつけの基本。信頼関係ができれば、多くの「困った！」が解決。

問題行動をやめさせる！

無視と天罰方式で解決する

問題行動をやめさせる第1の方法は、ひたすら無視することです。本来、群れで暮らす習性のある犬にとって「かまってもらえない」のは、もっともツライこと。「いくら吠えても無視される」「やっても何もいいことがない」とわかれば、犬はあきらめて静かになります。根気がいる方法ですが、家族みんなで徹底してやりましょう。

次に、すぐにやめさせたい行動の場合は、それをすると犬にとって嫌なことが起こる天罰方式が有効。目を合わせないように一瞬でリードを引く、音が鳴るものを投げるなどして、人にされたと思わせないようにするのがコツです。

無視する

天罰方式

悩み1 うるさく吠えて困ります

どんなときに吠える？

原因＝犬の気持ちは？

解決策は？

窓の外に人や車が通るたびに吠える。

お客さんがくると吠える。

- なわばりに近づくな！
- ボクがリーダーだから守るぞ！

環境を見直す

外が見えず落ち着ける場所にサークルを移動するなど、環境を変えることも有効。放し飼いの場合はハウスに入れ、なわばり意識を持たせないようにする。

基本のしつけ 吠えても無視

人がリーダーになっていないため、なわばりを守ろうとしている。基本のしつけ（P72~79）からやり直し、主従関係を教えよう。吠えても無視し続ける。

ゴハンや散歩の時間に吠える。ハウスに入れると吠える。

- ゴハンちょうだい！
- 散歩の時間だよ！
- 出して、出して！

要求は無視する

要求吠えは無視すること。犬を見ずに無言でやり過ごす。そのうちあきらめて吠えてもムダだと学ぶ。ゴハンや散歩、部屋に出すのは、犬が静かに落ち着いているときにする。

電話やチャイムの音に吠える。

- なんの音？
- 誰かきた！

天罰方式でやめさせる

単純に音に反応しているだけや、警戒心や恐怖心から吠える場合、すぐやめるなら問題ない。いつまでも吠え続けるなら天罰方式でやめさせよう。

悩み2 トイレをなかなかおぼえません

ハウスとトイレの往復でしっかりマスター！

部屋で放し飼いにしていると、トイレがわからずに失敗しがちです。通常はハウスに入れておき、時間をみはからってサークル内のトイレで排泄させましょう。部屋で遊んだあとも、一度トイレに入れ、排泄させてからハウスへ。こうしてトイレ以外で失敗をさせないことが成功のコツです。

ときどき失敗するときは？

トイレ用サークル（ペットシーツを敷きつめておく）の扉を開けておき、リードでつなぐ。リードの範囲で自由に動いて、トイレのときサークルに戻れるようになればOK。

トイレトレーニングのやり直し

1 普段はハウスに入れておく。

Point 静かにしているときに、3時間おきくらいにトライ。

2 サークルにトイレトレーを入れ、ペットシーツを敷きつめ、ときどきハウスから出して犬を入れる。

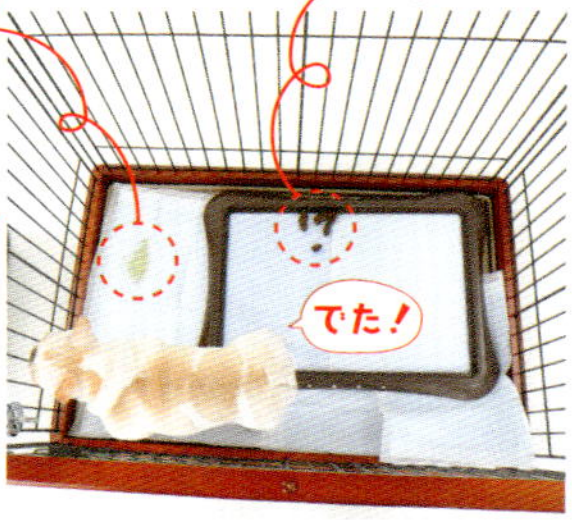

3 動き回っていたら排泄するまで入れておく。寝てしまうときはハウスに戻す。

4 排泄したらハウスへ。サークル内のシートを少しずつ減らし、くり返す。

5 最終的にトイレトレーだけにして練習。

悩み3 トイレが外でしかできません

シートの上で排泄する感覚をおぼえさせる

外でしかトイレができないと、散歩に行けない日に困ります。悩み2と同じようにトレーニングをし、かならずできるようにしましょう。トイレが狭くてできない場合は、バスルームで練習するのも可。シートの感覚をおぼえれば、トイレトレーの場所が変わってもできるようになります。

散歩の前にはトイレサークルに入れ、排泄したら出かける習慣をつける。

バスルームなど広めの場所にペットシーツを敷いて練習するのも有効。

悩み4 さわるとかもうとします

ムリをせずに少しずつ できることから練習を！

子犬の頃から基本のしつけをしていれば、なでられるのが大好きでお手入れもできるコになります。けれども、さわられるのを嫌がる犬はかみつく危険もあるので、ムリせず少しずつ練習しましょう。

かまれない体勢をとりつつ、おやつを使って「さわられるのはうれしい」という気にさせるのがポイント。ワンコが安心してさわらせるように、ハウス・トレーニング（P72）やリーダーウォーク（P99）で主従関係をはっきりさせるのも効果的です。

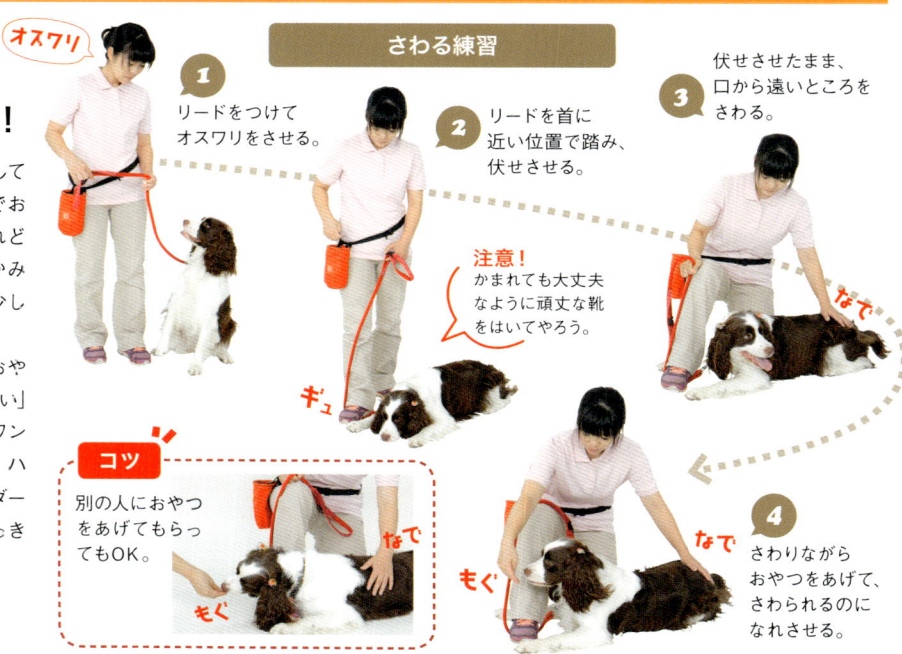

さわる練習

1 リードをつけてオスワリをさせる。

2 リードを首に近い位置で踏み、伏せさせる。

注意！
かまれても大丈夫なように頑丈な靴をはいてやろう。

3 伏せさせたまま、口から遠いところをさわる。

4 さわりながらおやつをあげて、さわられるのになれさせる。

コツ

別の人におやつをあげてもらってもOK。

悩み5 首輪がつけられません

首輪をつける練習

1 リードに輪の首輪がついたタイプで、大きな輪をつくる。

2 頭を通してから輪をしめる。

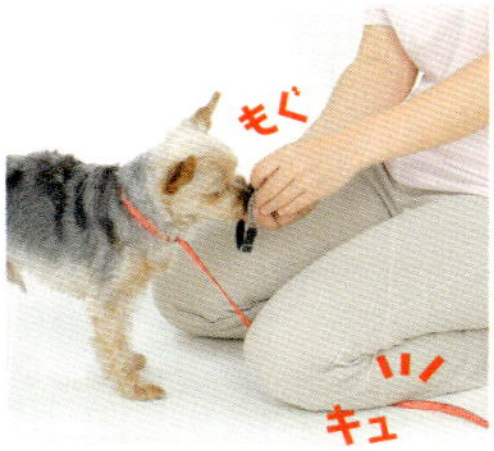

3 逃げないように、そのままリードを踏み、おやつをあげる。

4 ❸の状態で首輪をつける練習。首輪の中からおやつを見せて…。

5 犬が首輪に顔を入れてきたら、おやつを食べさせながら首輪をつける。

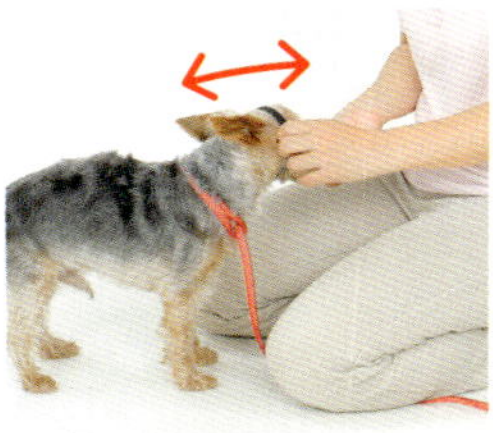

6 1本目を踏んでおさえたまま、もう1本をつけたり、はずしたりくり返し練習。

悩み 6 お手入れを嫌がります

口輪をつける練習

1

ヒザの間でうしろ向きにオスワリをさせる。

2

口輪の向こう側からおやつを見せる。

3

そのまま食べさせ、犬に自分から口輪に顔を入れさせる。

4

口輪をとめる。

5

口輪をつけて爪切りなどお手入れの練習をする。

おやつでできるワンコはおやつをあげながらさわる練習をしよう。

口輪をつけてお手入れの練習

1

口輪をつけ、リードを首の近くで踏む。ヒジの向こう側に頭を入れるとおさえやすい。

2
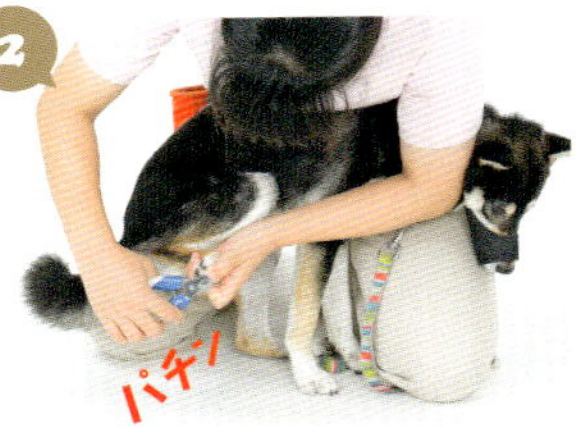

この状態で爪切りなどを練習する。

悩み 7 服を上手に着せられません

服を着せる

体をさわる練習としてもおすすめ！

服はおしゃれや防寒だけでなく、抜け毛が落ちるのを防ぐこともできます。また、着替えはさわられるのが敏感な足先などをさわるため、しつけにもなります。服を着せようとするとかもうとするコは、タッチング（P74~77）のような体勢でうしろから着せるとよいでしょう。

やさしく
着せてワン

はじめに顔にかぶせる。

片方の前足を通す。

反対側の前足も通す。

胴の部分をのばして、できあがり！

服を脱がせる

服をたぐり寄せ、たたせる。

ひっぱって首から脱がせる。

悩み8 エサがないと何もできません

ほめるだけでできるように指示語のトレーニングを！

指示語のトレーニングがうまくできないと、おやつなしではできないコになることもあります。おやつはちゃんとできたときだけあげることが重要で、できないときはオスワリをさせてからあげるなど、あくまでも「ごほうび」として使うこと。

はじめは「できたらおやつ」でも、少しずつ「できたらなでてからおやつ」「ときどきはなでてほめるだけ」「なでてほめるだけ」という流れで練習するのがコツです。マテの練習はP86も参考にしてください。

食い逃げさせない練習

1 「マテ」をかけて離れる。

2 待てたら戻り、アイコンタクトをし、なでてほめる。

3 なでてからおやつをあげる。おやつなしで、ほめるだけでできるように練習する。

Point なでてほめるのを嫌がって立ったり動いたときは、P83右下の方法でリードを上に引いてすわらせ、はじめからやり直そう。

悩み9 おとなしく留守番ができません

ハウスのしつけが重要

留守番はハウスに入れてさせるのが基本です。部屋で自由にしていると動ける範囲が広いぶん、落ち着きがなく、不安になったり、退屈しのぎにいたずらしたり、そそうをしたりしてしまいます。

普段から、部屋で遊んだり散歩や外出のときだけハウスから出るというルールにすれば、留守番もそのまま自然にできます。出かけるときはとくに声をかけず、さりげなく出入りするようにしましょう。留守番の練習はP60も参考にしてください。

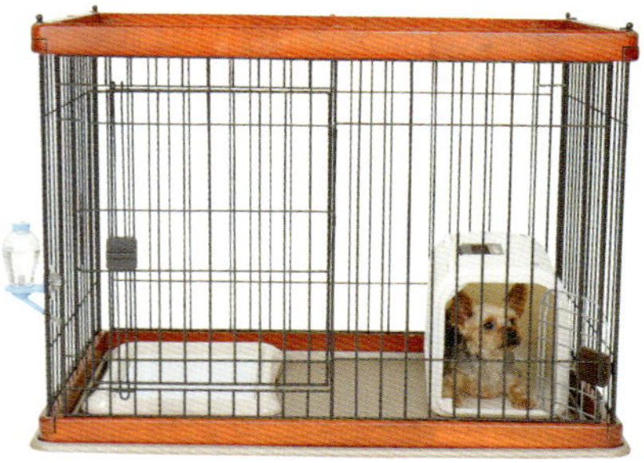

長時間の留守番はサークル内にハウス、トイレをセット。サークルに入らないときは、トイレとハウスを移動できるようにつないでもOK。

短時間の留守番はハウスで。子犬は2〜3時間以内、成犬なら10〜12時間はトイレなしでも大丈夫。

成犬の場合は、ハウスにおやつをしこんだコングを利用してもよい。

トイレシートを破くワンコは、ネットつきタイプがおすすめ。

おやつを仕込めるようになっているコング。

part 7

室内犬のゴハンとおやつ

健康ワンコのための食事の基本

犬に必要な栄養素がとれる総合栄養食をメインにする

犬は人と同じ雑食ですが、必要な栄養素のバランスにはちがいがあります。犬は人よりたんぱく質を多く必要とし、脂質は少なく、塩分はほとんど不要です。基本的には総合栄養食のドッグフードと水をあげていれば、健康を維持できます。

また、成長著しい子犬期、体ができあがってからの成犬期、そして7歳以降のシニア期では必要な栄養素のバランスが変化。年齢に応じたフードをあげるようにしましょう。

●犬に必要な主な栄養素

栄養素	特　徴
たんぱく質	筋肉や血液、内臓、皮膚、被毛など、体作りに不可欠な栄養素。犬は人の2倍のたんぱく質を必要とする。
炭水化物	活動するためのエネルギー源として必要。ただし摂りすぎは肥満の原因になるので注意。
脂質	活動のエネルギー源となるが、摂りすぎは肥満の原因に。不足すると毛づやが悪くなる。
ミネラル	カルシウム、リン、カリウム、ナトリウム、鉄、亜鉛など。筋肉や神経の働きを正常にする。犬は人の10倍のミネラルが必要。
ビタミン	ほかの栄養素の働きを助け、目、歯、骨などの健康維持に不可欠。不足すると、栄養障害や貧血の原因に。

食事タイムは1日2回、朝夕が基本

犬の食事は成長に応じて、あげ方が変わります。子犬の頃は1日3～4回に分けて、高カロリーの子犬用フードを食べさせますが、成犬になったら朝夕2回の1日2食が基本。1日1回でも大丈夫です。「食事時間を決めてあげたほうがいいのでは？」と思う飼い主さんもいると思いますが、あげられるときに出せばOK。時間を決めてしまうと、毎日定時にワンコが吠えたりして催促するクセがついてしまうからです。

落ち着ける場所で食器に入れて与える

ゴハンは決まった食器に入れて与えます。ワンコが落ち着ける、決まった場所であげましょう。すぐに食べないコや、食事の途中で遊びに行ってしまうコは、ハウスかサークルの中で与えるのがおすすめです。

ゴハンのマテを練習しよう

食事をあげるときは、オスワリをさせ、落ち着いていられるようなら食器を差し出します。「マテ」と声をかけ、待っていられたらすぐに「よし」で食べさせます。長い時間待たせる必要はありません。

食べているときに食器や体をさわろうとすると、うなったり威嚇するときは、しっかり主従関係を築くことが大切です。子犬の頃から、ゴハンのマテ（P89）を練習しましょう。

年齢別 食事の回数と与え方

ワンコは子犬、成犬、シニア犬で必要な栄養素やカロリーがちがうので、年齢に合わせてフードを選びましょう。フードを切り替えるときは、いきなり変えるのではなく、少しずつ混ぜていくのがポイントです。

生後90日まで

生後２か月頃までは、子犬用離乳食と犬用ミルクを。２～３か月頃から子犬用ドッグフードを１日３～４回あげる。ドライフードは水でふやかして与えるとよい。

生後90日～1歳半まで

1歳までは成長期なので、栄養価の高い子犬用ドッグフードを1日3回あげる。1歳を過ぎたら、成犬用のドッグフードを混ぜて少しずつ切り替え、1日1～2回にする。

1歳半～7歳頃まで

成犬用フードを1日1～2回、朝夕に食べさせる。食事やおやつのあげすぎに気をつけて、肥満にならないように注意。

7歳以降

活動量が落ちてくるので、シニア犬用のドッグフードに切り替える。消化吸収のよい良質なたんぱく質が含まれ、低カロリーのドッグフードを1日2回あげよう。

食事の適量をチェック！

食事の量はパッケージに記載してある量を基本にしますが、運動量などによっても変化します。食事の量が適正かどうかは、便の回数や状態などでもチェックが可能。便の回数が少なく、小さな粒状の場合は、量が少ないのかもしれません。また下痢気味のときは量が多いか、消化不良を起こしている可能性も。下痢が続くときは、動物病院で診察を受けましょう。

ガツガツ一気に食べるのは、犬の本能的な習性

犬は食事をあげると、ガツガツ一気に丸のみするように食べますが、これは本能的な習性。体重が減ったりしていなければ、量が足りないわけではないので気にしなくて大丈夫です。

ドッグフードの種類

ドッグフードには、主食となるドライフードのほか、缶詰やレトルトなどいろいろなタイプがあります。メインの食事には栄養バランスのとれた「総合栄養食」と表示があるものを選びましょう。減量用や特定の病気に対応した療法食は、ドライタイプのほか、缶詰タイプもあります。

ドライタイプ

水分含有量が10%以下で、固く乾燥したタイプのフード。歯石の予防にもなり、メインのゴハンにおすすめ。保存しやすく、値段も手頃。子犬用、成犬用、シニア用と年齢に応じたものを選ぶ。

缶詰タイプ

肉や魚をベースにした水分が多いウェットタイプのフード。主食にするなら「総合栄養食」と表示があるものを選ぶ。嗜好性が高いので食欲がないときにもおすすめ。開封後は早めに食べきる。

冷凍タイプ

主に生肉や野菜などのミンチを成型、冷凍したタイプのフード。自然解凍して食べさせる。冷凍して保存できるので、非常食にも便利。ただし、一度解凍したものは、再冷凍しないこと。

レトルトタイプ

調理済みのフードを1食分ずつパックにしたタイプ。缶詰と同様に嗜好性が高いので、食欲がないときなどによい。少し温めてあげると、匂いが強くなり、食いつきがよくなる。

ごはんの前の準備体操!!(なのか?)
ごはんだよ〜
よしきたっ!
いくぜ!いくぜ!
ぐる
でたー!!よろこびの舞!
くる
OK!
アテ
ヨシ!
今日の回転はキレてたね〜
ドモ!
ガツ
ガツ

食事のルール

食事はワンコの一番のお楽しみタイム。
でも、飼い主がきちんと主導して、
マナーよくゴハンを食べられる
ワンコになるようにしましょう。

ルール 1 催促されてあげるのはNG

ゴハンが欲しくて、うるさく催促するワンコもいます。そんなワンコにこたえてゴハンをあげるのはダメ。「吠えて要求すれば、飼い主がいうことをきいてくれる」とワンコは思ってしまいます。要求吠えにこたえていると、ゴハンだけでなく散歩や遊びなどいろいろなことを吠えて催促する“わがまま犬”になってしまう可能性が大。ゴハンはワンコが静かにしているときにあげるようにしましょう。

ルール 2 出しっぱなしにしない

ゴハンは専用の食器に入れて、決まった場所で食べさせましょう。途中で遊びはじめて食べなくなったり、残していたら、容器ごと片づけましょう。「出てきたものを、出てきたときに食べる」のがゴハンのルール。いつまでも出しておいて、ダラダラ食べさせるのはやめましょう。食べないからといって、ちがう種類のエサをあげると「食べなければ、さらにおいしいものをくれる」とワンコは思ってしまいます。

ルール 3 人の食べ物はあげない

犬は雑食なので、あげればたいていのものは食べてしまいます。しかし人の食べ物はワンコにとっては脂質や塩分、糖分などが多く、百害あって一利なし。人の食べ物を犬にあげることは、健康を害するだけでなく、しつけの面でもよくありません。はじめから、人の食べ物は一切ワンコにはあげないと家族みんなでルールを決めて、おねだりされてもあげないようにしましょう。

ドッグフードの購入時はここをチェック！

- □ **製造年月日または賞味期限**
  できるだけ新鮮なものを選ぶ。賞味期限は未開封の場合の期限なので、一度封を切ったら早めに使い切る。
- □ **原材料と成分**
  原材料は使用している割合が多いものから順に表示されている。なるべく合成保存料や合成着色料などを使っていないものを選ぶ。成分は粗たんぱく質、粗脂肪、粗繊維などの割合が明記されているのでチェック。
- □ **フードの目的**
  毎日の主食として食べさせるフードには、「一般食」でなく、「総合栄養食」と記載されているものを選ぶ。
- □ **検査機関**
  国産のフードなら「ペットフード公正取引協議会」、アメリカ産なら「AAFCO（米国飼料検査官協会）」の検査に合格したと明記されているものを選びたい。

水をたっぷり与えよう

水分は排泄物や呼吸、汗などで犬の体外に常に出ていきます。脱水症状を起こさないように、フードと一緒にかならず水をたっぷり与えましょう。水の摂取量は犬の体格や運動量などでもちがいます。いつでも好きなときに飲めるように用意を。

ワンコの飲み水は水道水でOK。ミネラルウォーターをあげる人もいるようですが、マグネシウムやカルシウムが多く含まれたものは結石などの病気の原因になることがあります。

体重別 1日に飲ませる水の量の目安

体重	1日に必要な水の量
3kg	250ml
10kg	600ml
20kg	1000ml
30kg	1500ml

これはダメ!!

犬が食べてはいけないもの

人が食べているものには ワンコによくないものがある

愛犬の健康のためには、総合栄養食のドライフードが一番。でもトレーニングにおやつを使ったり、ときには手作りゴハンをあげたいと思う飼い主さんもいるでしょう。

人のおかずやおやつ、嗜好品の中には、犬が食べると中毒を起こす危険のあるものがあります。また消化が悪く、下痢を引き起こすものも。ワンコが口にしないように気をつけましょう。

✕ 中毒を起こすもの

- 長ネギ
- タマネギ
- チョコレート
- ココア
- コーラ
- コーヒー、お茶などのカフェイン類
- キシリトール　など

✕ 飲み込むと危ないもの

- 鶏の骨、魚の骨　など

✕ 下痢の原因になるなど犬の体に悪いもの

- エビ
- イカ
- カニ
- タコ
- 貝類
- 牛乳（犬用ミルクはOK）
- しいたけ
- こんにゃく　など

✕ 人の食べ物

- 糖分・塩分が多い人の食べ物
- 菓子類（スナック菓子など）
- とうがらしなどの香辛料
- ハム、ソーセージ、ベーコン、かまぼこなどの加工食品
- アルコール類　など

犬が食べると中毒を起こす可能性がある植物

室内の草花のほか、散歩で口にする危険もあるので覚えておこう。

- アザレア
- アジサイ
- アマリリス
- アヤメ
- アサガオ
- アロエ
- オダマキ
- オモト
- オシロイバナ
- カラー
- キキョウ
- キョウチクトウ
- クリスマスローズ
- ゴムノキ
- シクラメン
- ジンチョウゲ
- スイセン
- スズラン
- スイートピー
- スパティフィラム
- ソテツ
- チューリップ
- ツツジ
- デイジー
- ディフェンバギア
- パンジー
- ヒヤシンス
- ヒイラギ
- プリムラ
- フクジュソウ
- ベゴニア
- ホオズキ
- ポインセチア
- ポトス
- マーガレット
- ユリ
- ランタナ
- ロベリア

など

手作りゴハンのポイント

栄養バランスを考えて愛情たっぷりのゴハンを

ドッグフードを食事の基本にしながら、ときには手作りゴハンをあげるのもよいでしょう。犬は雑食なので、肉、魚、野菜、乳製品、米や小麦など、材料に使えるもののバリエーションは豊富です。ただし栄養バランスを考えてあげる必要があります。動物性のたんぱく質がとれる肉や魚、卵などをメインに、野菜などをバランスよく組み合わせましょう。

また、左ページで紹介している犬の体に悪いものや中毒を起こすものは、使わないこと。

調理のPoint

1 メインは動物性たんぱく質

犬は人の2倍のたんぱく質が必要。肉、魚、卵などの動物性たんぱく質を主材料に。

2 食べやすい大きさにカット

肉、野菜などの食材は、消化しやすいように犬が食べやすい大きさに切って使う。

3 食材によっては加熱する

豚肉、鶏肉、野菜（とくに根菜類）、卵は加熱する。新鮮な牛肉や馬肉は生でも可。

4 味つけはしなくてOK

塩分、糖分はまったく不要。味覚が人間と違うので、味つけなしでOK。

愛情たっぷり♥手作りゴハンレシピ

根菜やサツマイモでヘルシー！

カラフル野菜の盛り合わせ

【材料】（作りやすい量）

大根	3cm
にんじん	4cm
さつまいも	4cm
アスパラガス	1本
パプリカ（赤・黄）	各1/8個
オリーブオイル	小さじ1

【作り方】

1. 大根、にんじん、さつまいもは、サイコロ型に切る。
2. アスパラガスとパプリカは縦に細長く切る。
3. 鍋にたっぷりの水とオリーブオイル、大根、にんじん、さつまいもを入れて火にかけ、沸騰したら中火にする。
4. ❸の野菜がやわらかくなったらアスパラガスとパプリカを加え、煮えたら火を止めてザルにあげ、水をきる。冷めてから盛りつける。

お肉たっぷりでワンコも大喜び

レバーとゴハンのミートボール

【材料】（作りやすい量）

豚レバー	100g
鶏ひき肉	100g
炊いたゴハン	軽く1膳
卵	1個
サラダ油	少々

つけあわせ

プチトマト…適宜
白菜かキャベツの千切り…適宜
スプラウト…少々

【作り方】

1. 豚レバーはよく水洗いしてからゆでて、細かく刻む。
2. ボウルに❶と鶏ひき肉、ゴハン、卵を混ぜてよくこね、ワンコのひと口大に小判型に丸める。
3. フライパンにサラダ油をひき、❷をしっかり焼いて、冷ます。
4. 白菜またはキャベツの千切り、切ったプチトマト、❸のミートボールを半分に切って盛りつけ、スプラウトを乗せる。

おやつの選び方&あげ方

ワンコのおやつは毎日あげる必要はない

ワンコのおやつは、飼い主さんとのコミュニケーションに有効活用したいものです。時間を決めてあげたり、毎日必ずあげる必要はありません。

おやつは、しつけやトレーニングのごほうびとして、とても効果的です。トレーニングを上手にできたら少しだけおやつをあげるのが基本。できないときでもあげたり、何度もあげる必要はありません。最終的には、おやつなしでもトレーニングできるようになるのが目標です。

1日のおやつの量を決めておこう

おやつは一度に少しずつあげることが多く、全部でどのくらい食べさせたかわからなくなりがち。メインのフードと合わせてカロリーを計算して、1日の必要量をオーバーしないようにおやつの量を決めておきましょう。量を決めたら小分けにしておき、しつけやトレーニングのときは、この中から少しずつあげるのがおすすめです。

栄養、カロリーを考えて与えすぎに気をつけて

ワンコの体に必要な栄養は、ドッグフードでメインに摂るのが基本です。なので、「おやつで栄養補給」という考えは必要ありません。

市販の犬用のおやつは、塩分や糖分を入れずに作られています。チーズやジャーキーなどは、人間用のものではなく、必ずワンコ専用のものをあげるようにしましょう。ときには手作りおやつをあげてもよいでしょう。

カロリーをしっかりチェック!

ワンコのおやつは種類によってカロリーもまちまち。ささみジャーキーやドライ野菜などは比較的カロリーが低いので、肥満が気になるワンコのおやつにも安心です。

比較的カロリーが高いもの

- ガム類
- ビーフ干し肉
- ボーロ
- 煮干し など

比較的カロリーが低いもの

- ささみジャーキー
- ドライ野菜
- ラムジャーキー など

おやつの種類と手作りおやつ

人間のお菓子は
NGだよ～

チーズ
犬用の塩分が入っていないものを選んで。

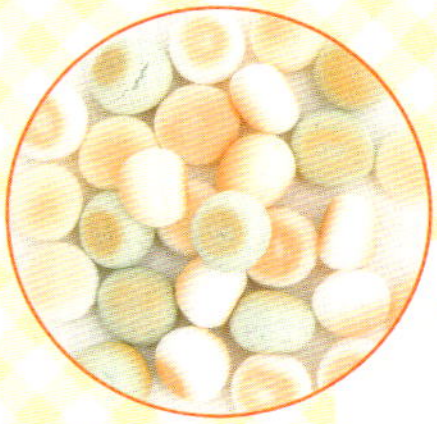

ボーロ
小麦粉、卵などが原材料。糖分が含まれていない犬用のものがおすすめ。

ジャーキー
ビーフ、鶏ささみなど材料によってカロリーが異なる。全般に高カロリーなので、あげすぎに注意。

小魚
煮干しなどの乾燥した小魚を、おやつにあげてもよい。

フリーズドライのフルーツや野菜
野菜やフルーツなどを乾燥させたもの。比較的カロリーが低め。

ガム
かむことで歯石予防の効果も期待できる。牛皮や豚皮、米粉、小麦粉などが原材料。

ワンコがよろこぶ♡手作りおやつレシピ

簡単で保存食としても便利

ささみのヘルシージャーキー

★保存は、冷蔵で1週間
冷凍で1か月

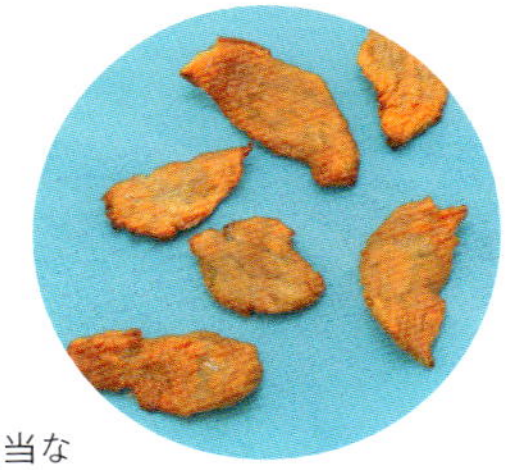

【材料】（作りやすい量）
鶏ささみ　2、3本

【作り方】
1. ささみは筋を取り、適当な大きさに切り、麺棒でたたいてのばす。
2. オーブントースターにアルミホイルを敷き、ささみを乗せて、20～30分焼く。途中、裏返したり、位置を変えて焦げないようにカリカリにするのがコツ。

※オーブントースターは700Wのものを使った場合の時間を示しています。

大好物のレバーがたっぷり

レバーのクッキー

★保存は、冷蔵で3日、冷凍で2週間

【材料】（作りやすい量）
レバー（豚または鶏）　100g
全粒粉（または小麦粉）　100g
卵　1個

【作り方】
1. レバーはよく洗い、沸騰したお湯でゆでる。
2. ❶のレバー、全粒粉、卵を合わせてフードプロセッサーにかける。フードプロセッサーがなければ、レバーを包丁でたたいてペースト状にし、ボウルにすべての材料を合わせてよく混ぜる。
3. まな板に打ち粉（分量外）をし、❷の生地を麺棒で平らにのばし、抜き型で抜く。
4. オーブントースターにアルミホイルを敷き、クッキーを乗せて、ときどき裏返しながら、焦げないように20～30分焼く。

ワンコの
ダイエット成功のコツ

室内犬の肥満は、最近増えています。過食や運動不足などが原因ですが、肥満は高脂血症や糖尿病などを引き起こす原因に。また足腰に負担がかかるので、ケガや脱臼をする危険性もアップ。本格的なダイエットが必要な場合は、動物病院で相談し、ダイエット用ドッグフードを処方してもらいましょう。ここではおうちでできるダイエットのコツを紹介します。

コツ① 一度のゴハンを少なく、回数を多くする

↓

1日2回の食事を3～4回に分けてみる

1日の食事の総量を減らし、回数を多くします。少量ずつでも回数を増やすことで、ワンコの気持ちを満足させてあげましょう。

コツ② トッピングでかさを増やす

↓

ドッグフードの上に、細切れ野菜を乗せる

フードの総量を減らしても、その分、低カロリーの食材をトッピングしてかさを増やすとワンコは満足。キャベツ、白菜、ニンジンなどの野菜やオカラなどがおすすめ。

コツ③ 散歩などで運動をしっかりさせる

↓

散歩やボール遊びなどで、楽しく体を動かす

散歩好きなワンコなら、運動をかねて歩く時間を長めにしましょう。また、ボール遊びなど、体を思いっきり動かせる運動をする時間を作ってあげるのがベスト。

うちのワンコは太り気味? ダイエットが必要になる目安

「うちのコ、最近太ってきたのでは?」
と思ったら、ワンコの体をチェック!

犬が立っている状態で横から見る

- お腹がたれ下がっている。
- お腹をさわってみて、力を入れてさわらないと肋骨があるのがわからない。

立っている状態で真上から見る

- お腹がふくらんでいるように見える。

↓

こんなときは、太りすぎのサイン。
獣医さんに相談しながら健康的な**ダイエット**を**スタート!**

part 8

室内犬のお手入れ＆マッサージ

ブラッシングでつやつやワンコ

犬種の毛質や長さに合わせたお手入れを！

ブラッシングは抜け毛や汚れを落とすだけでなく、皮膚や体の健康チェックにもなります。コミュニケーションもかねて毎日行なうのがおすすめです。犬種によって毛質がちがうので、被毛のタイプに合わせてグッズを使い分けブラッシングしましょう。

犬には換毛期があり、春は冬毛から夏毛に、秋は夏毛から冬毛に換わります。室内犬は犬種によって換毛期がはっきりしないこともありますが、換毛期は普段よりもマメに、ブラッシングしてあげるとよいでしょう。

毛のタイプ別 ブラッシングのポイント

スリッカーブラシはどのタイプにも、獣毛ブラシやラバーブラシはスムースコート、ショートコートの被毛に向きます。
コームは顔周りなど細かい部分や、毛のもつれをほぐすのに使います。

ロングコート

毛並みを整え フワフワのワンコに！

チワワ（ロング）、ダックスフンド（ロング）、パピヨン、ポメラニアン、キャバリア、シー・ズー、ヨークシャー・テリア、シェットランド・シープドッグ、ゴールデン・レトリーバーなど。長くやわらかい毛、飾り毛などが特徴。

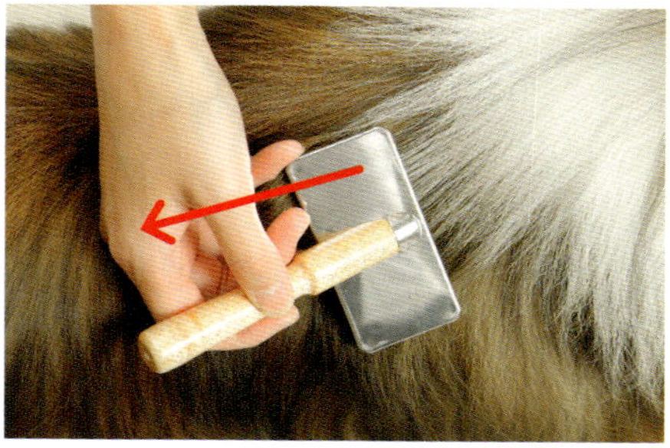

スリッカーブラシで毛玉を予防

全体をスリッカーブラシ、またはピンブラシでとかして毛並みを整える。毛玉ができやすい部分は、スリッカーブラシでほぐしておく。

スムースコート

短くて固い直毛を整える

チワワ（スムース）、ダックスフンド（スムース）、フレンチ・ブルドッグ、パグ、ブル・テリア、ミニチュア・ピンシャー、ラブラドール・レトリーバーなど。全身の毛が短くて固い、直毛。

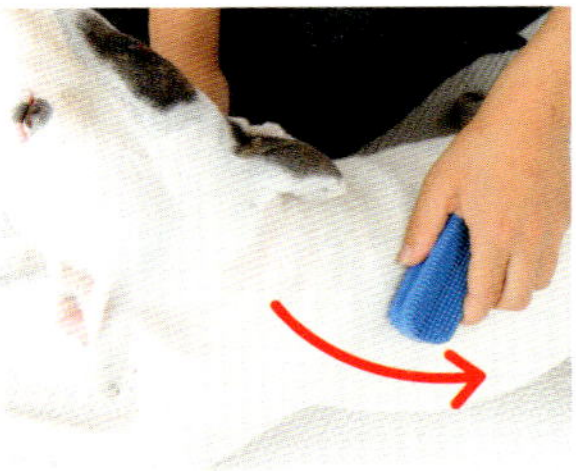

ラバーブラシでブラッシング

毛はごく短いため、ラバーブラシで全体をきれいに整えればOK。短くて毛玉はできないが、抜け毛は多いので、ブラッシングでとり除くとよい。

ダブルコート

2重構造で毛が多い

柴犬、ウェルシュ・コーギーなど。長めのオーバーコートと短いアンダーコートの二重構造で、密に生えているアンダーコートが防寒の役割を果たす。普段から抜け毛が多い。

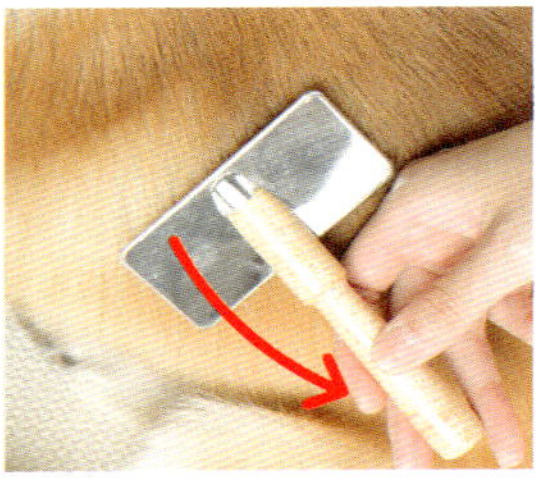

抜け毛をしっかりとる

スリッカーブラシ、ラバーブラシなどを使い、全身をブラッシングしてしっかり抜け毛をとり除く。換毛期の抜け毛も多いのでマメにブラッシングをしよう。

ワイヤーコート

荒く固い毛をトリミング

ワイヤー・フォックス・テリア、シュナウザー、ダックスフンド（ワイヤー種）など。上毛が固く、ワイヤーのようにゴワゴワした毛質。トリミングが必要。

スリッカーブラシでとかす

固い上毛をスリッカーブラシやラバーブラシを使い、全身ブラッシングで整える。

カーリーコート

カールしたやわらかい毛

プードルなど。やわらかくカールした毛が特徴で、毛が伸びる犬種は定期的なカットが必要。プードルは抜け毛が少ない。

毛玉ができやすいので注意

毛がからまらないように、スリッカーブラシで全身をブラッシングして毛玉を予防。からまったらコームでほぐす。

毛玉をケアする

やわらかい毛、ロングの毛質などは、毛がからまって毛玉になりやすいのでブラッシングがより大切です。とくに耳やシッポの飾り毛部分、首のまわり、足のつけ根、シッポのつけ根にできやすいので要チェック。

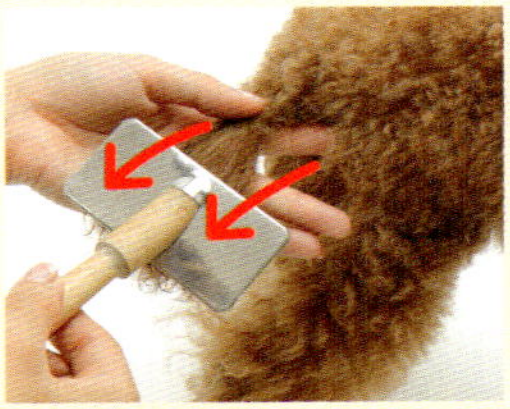

毛玉の先からスリッカーブラシで少しずつほぐす。

ほぐれてきたらコームでとかす。

ブラッシングの順序

順序に決まりはありませんが、背中など広い部分からはじめて、お腹、足、顔と細かい部分にうつるとやりやすいでしょう。毛並みにそって少しずつブラッシングします。

ワンコマッサージでうっとりリラックス

体をさわられても平気なワンコなら、マッサージでボディチェックもできます。やさしくマッサージすれば、ワンコもリラックスして、健康に！

マッサージの手順

ワンコがリラックスできるように
床にすわって行ないます。
オスワリからはじめますが、
向かい合わずに横向きからでもOK。

向かい合ってすわり、なでてリラックスさせる。

頭から背中、シッポまで、ゆっくりとなでる。

親指で目のまわりをぐりーんとマッサージ。

そのまま頬からアゴまでも同じようになでる。

耳を指先で、軽くはさむようにしてさする。

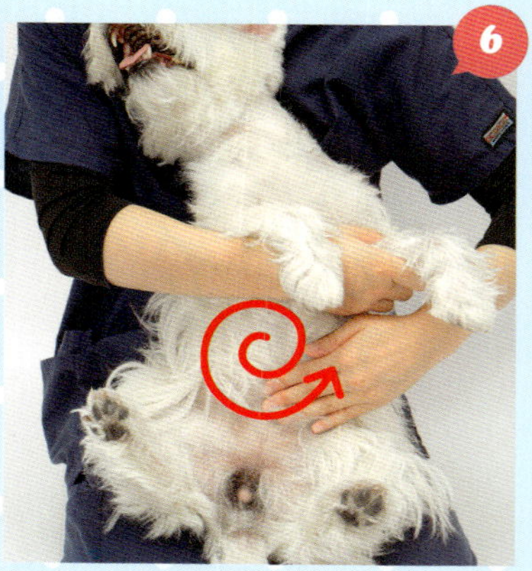

抱っこで、指をそろえておなかをグルグルとさする。下痢ぎみのコは左回り、便秘ぎみのコは右回りに。

手の動かし方は3パターン

マッサージは軽い力でやさしくするのが基本です。

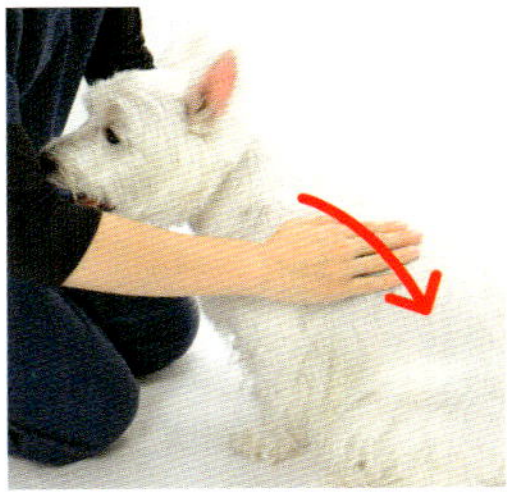

なでる　手の平や指先で軽く触れてなでる。

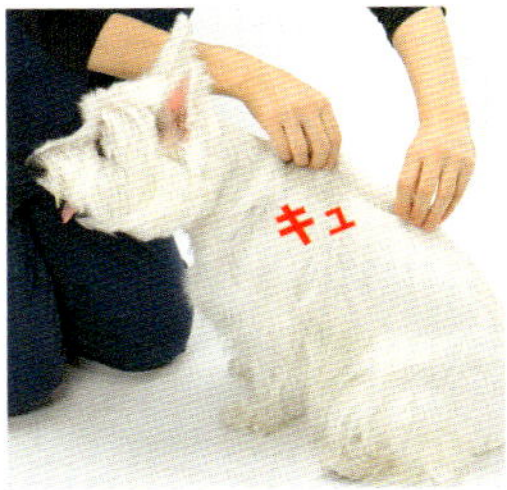

つまむ　首や背中など、軽く引っぱるようにつまむ。

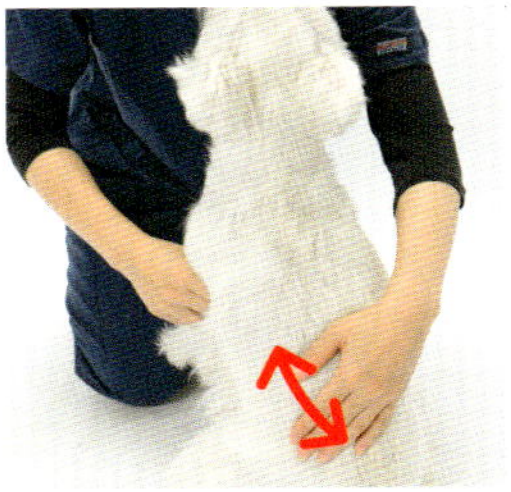

さする　背中やお腹など、手の平で円を描くようにさする。

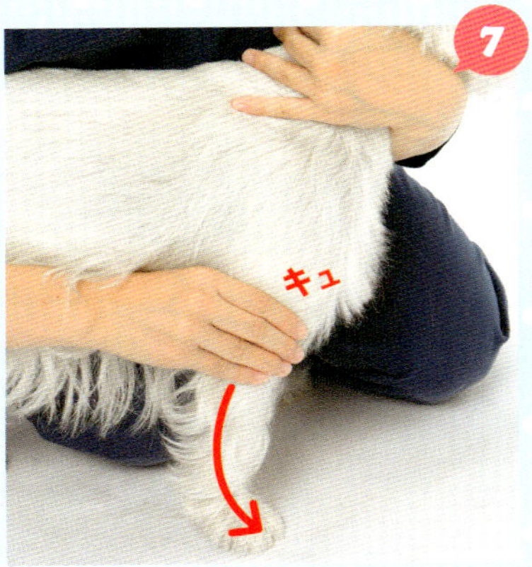

前足をキュッと握るようにマッサージ。

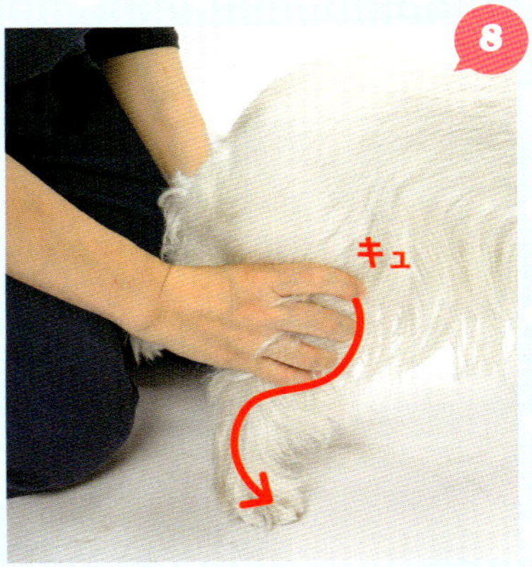

後ろ足も同じようにキュッ。

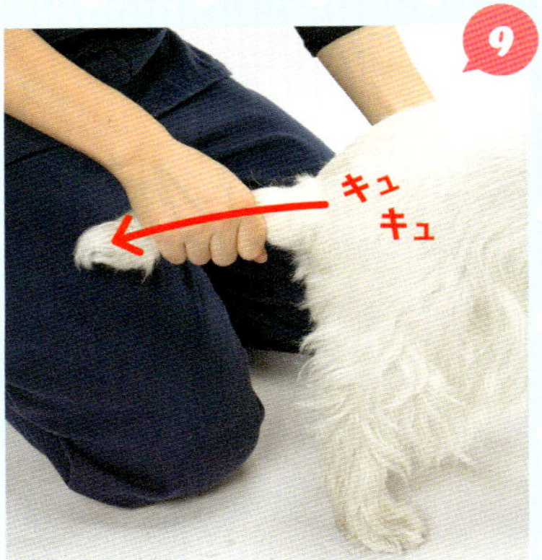

シッポは骨を手に感じながら、骨をひとつずつ握るように先端までキュッ、キュッ。

Point　嫌がるところは、ムリにやらなくてOK。

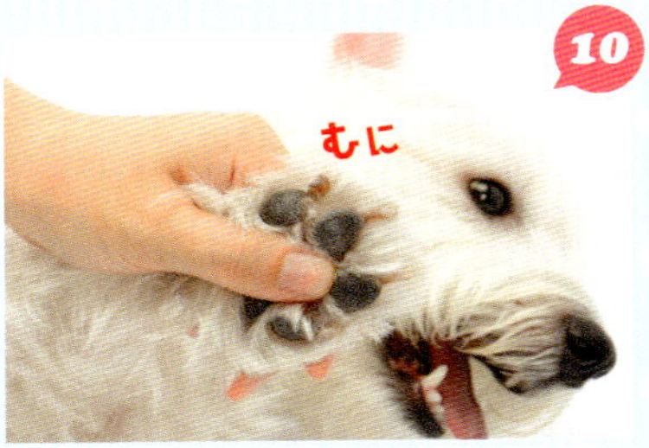

肉球を広げるようにマッサージ。

爪のつけ根を指1本ずつ、やさしくつまむ。

向かい合って、「イイコ」となでて終了！

おうちシャンプーを成功させよう

おうちシャンプーでいつもきれいなワンコに！

犬のシャンプーは月に1、2回くらいの頻度で十分です。犬専用シャンプーを使い、犬の体調がいいときに洗いましょう。

あらかじめブラッシングし、ぬるめのお湯で、シャワーの水圧はできるだけ弱くして、やさしく洗ってあげるのが成功のコツ。すすぎ残し、乾かし残しがあると皮膚トラブルの原因になるので注意しましょう。

● シャンプー&ドライグッズ ●
TREATMENT SHAMPOO
TREATMENT RINSE
シャンプーとリンス
コーム
ドライヤー
スリッカーブラシ
タオル

シャンプーの手順

弱い水圧で！
顔は最後に洗う。

1
ギュ

肛門の左右4時40分の位置にある肛門腺をギュッとしぼり、くさい汁を出す。

2

体を濡らす。顔は最低の水圧で。弱めでそっとかける。

3
シャカ
シャカ

シャンプーを泡立て、首から下、体全体につけて洗う。

4
ゴシ
ゴシ

足先やシッポ、お尻まわりは、やさしく洗う。

5

顔は指先でそっと洗う。目に入らないように注意！

6

耳は手で包むようにして優しく洗う。

Point 顔の細かい部分はスポンジを使ってもよい。

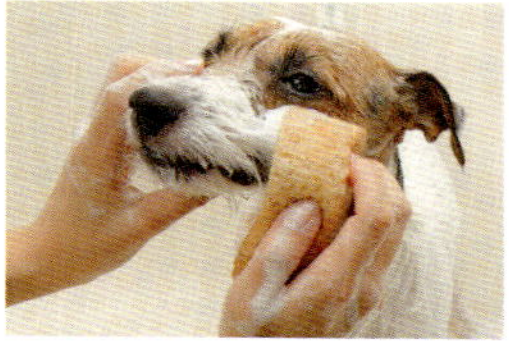

7

シャワーで全身の泡を落とし、ていねいにすすぐ。

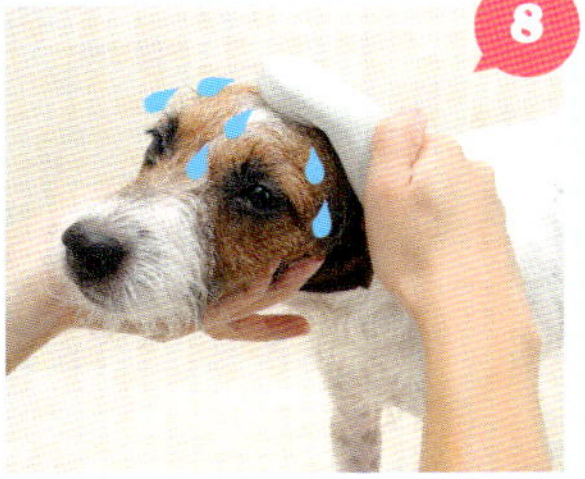
8
片手で両耳をおさえ、耳や鼻に水が入らないように。

9
アゴを持ち上げ気味にして、スポンジで顔をすすぐ。

10
洗面器のお湯にリンスを溶き、体にかける。

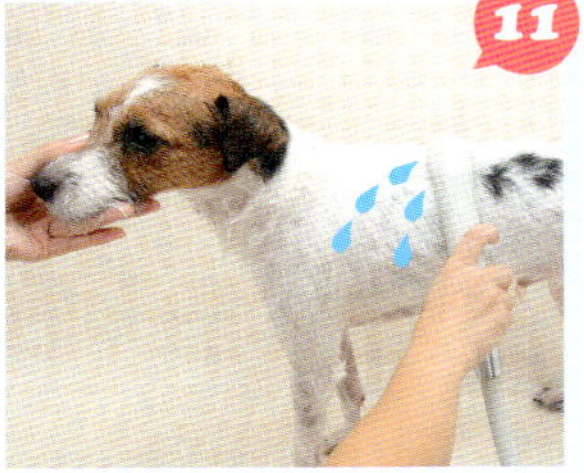
11
体のリンスを洗い流す。

12
ギュ
体の水気を軽く手でしぼる。

13
ふぅ
耳にフッと息をかけると…。

14
ブル
ブル
犬が自分でブルブルして水気をとばす。

15
タオルで全身をふく。

ドライの手順

ドライヤーは遠くから微風で！
完全に乾かすことが大切

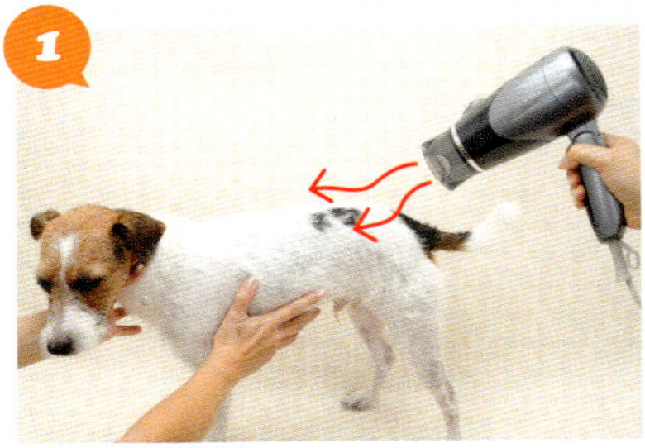
1
犬をおさえ、もうひとりがドライヤーの微風をかける。

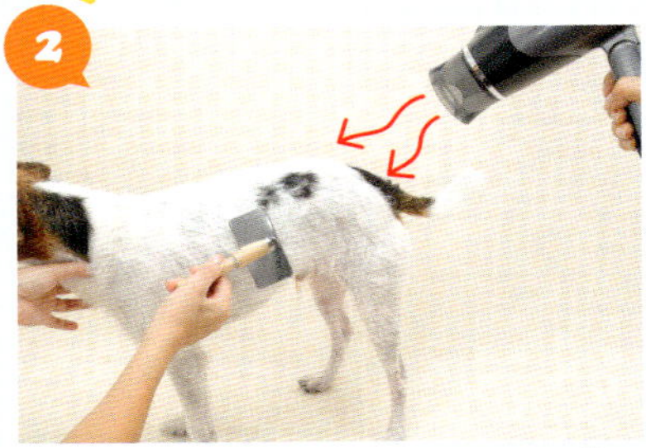
2
ブラシでとかしながら、20～30cm離してあてる。

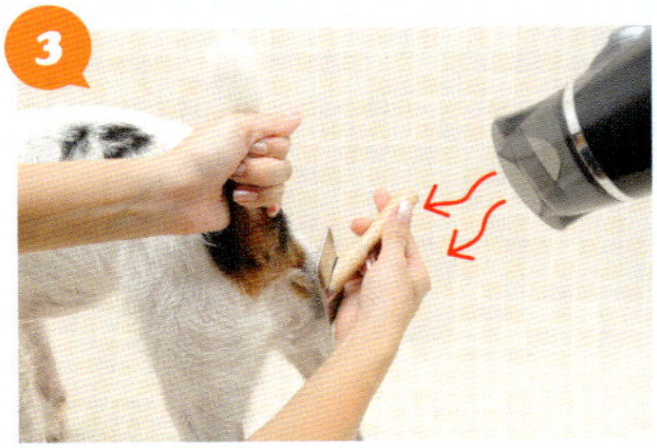
3
お腹、お尻、足のつけ根など、全身をていねいに。

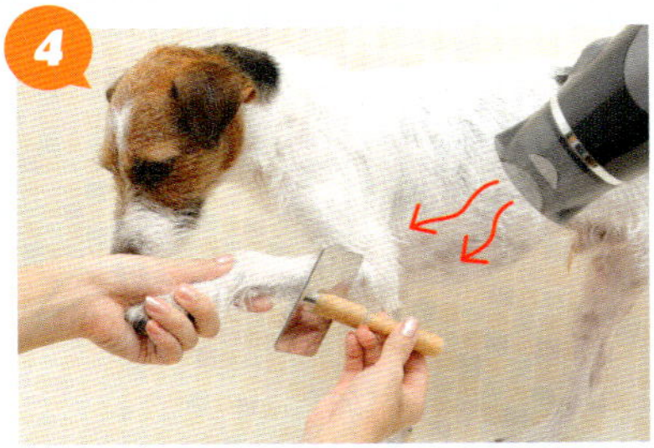
4
足は持ち上げて、とかしながら乾かす。

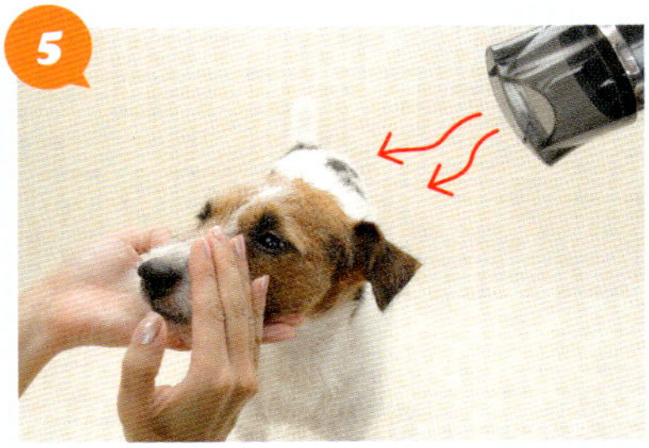
5
顔もブラッシングしながら直接あてないように乾かす。

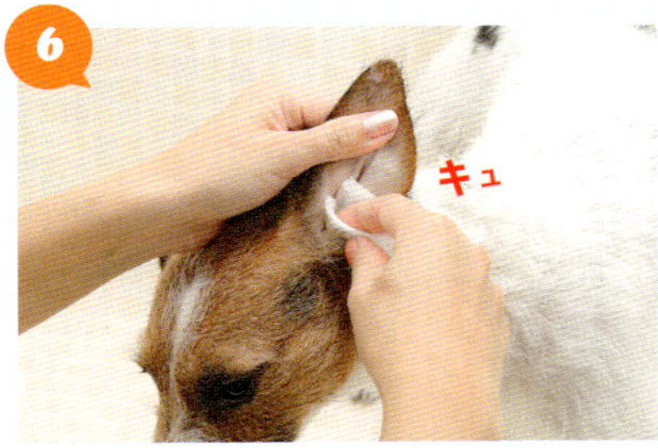
6
キュ
耳の中をコットンでふいて終了。

体の各部をしっかりお手入れ！

お手入れグッズ
ハサミ
ガーゼかコットン
コーム
バリカン
ピッキングナイフ
歯磨き液
歯磨きペースト
歯ブラシ
爪やすり
爪切り
肉球保護液
イヤーパウダー
涙焼け用液
耳そうじ液

散歩後のケア

汚れとゴミを落とし、ケガや異常がないかチェックを。

足裏をふく

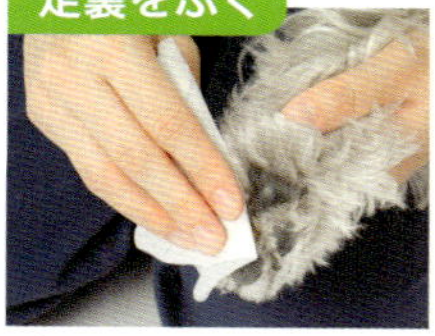

ガーゼなどで足裏をふく。

ケガをチェック

足指を広げ、肉球もケガがないか見る。

ノミ・ダニをチェック

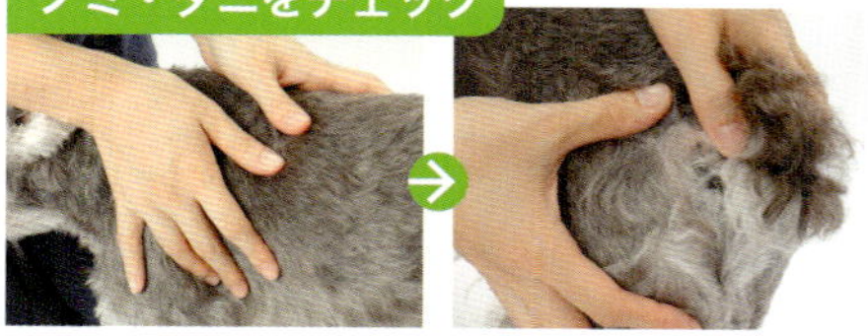

被毛をかき分けてチェックする。

ノミは尾のつけ根につきやすい。

体をふく

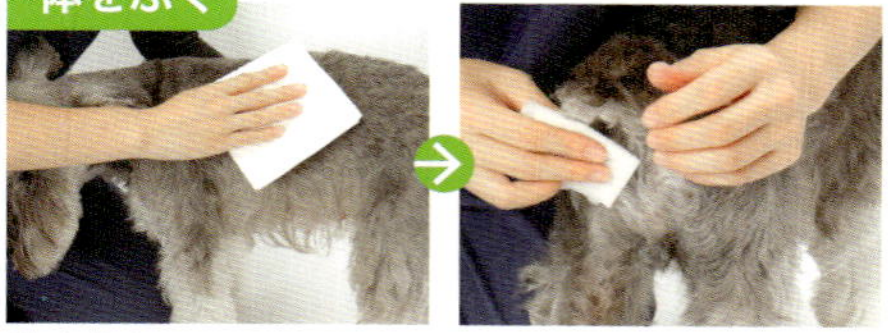

体全体をふく。

シッポをあげてお尻をふく。

ムダ毛のケア

足がすべる、目にかかるなど、余分な毛をカット。

足裏

肉球の間の毛をハサミでカット。

足先

床につく部分をカットする。

お尻

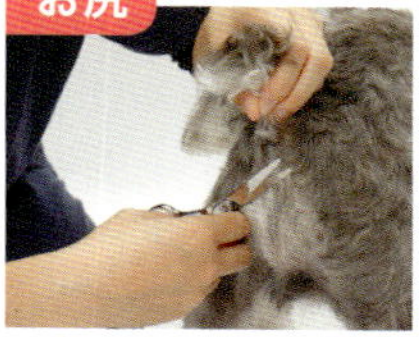

シッポをあげ肛門周辺をカット。

お腹

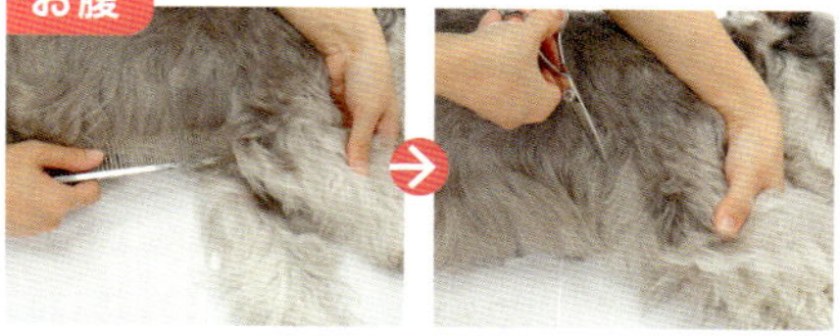

毛をコームでとかし、長い部分はハサミで切る。

顔

目にかかる部分はハサミでカット。

バリカン

夏はお腹の毛をバリカンで刈ると涼しくてよい。足裏もバリカンで刈ってもOK。

毛をすく

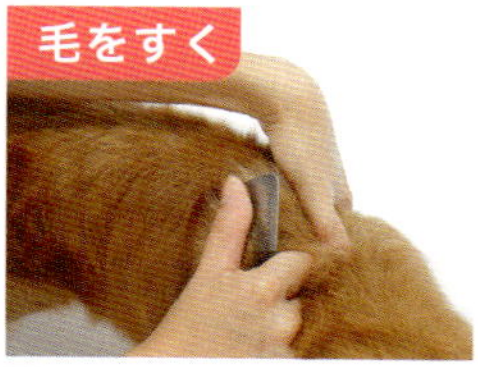

夏はピッキングナイフで毛をすくと、見た目は変わらず涼しい。トリマーさんに頼んでもOK。

爪切り 血管を切らないように注意！

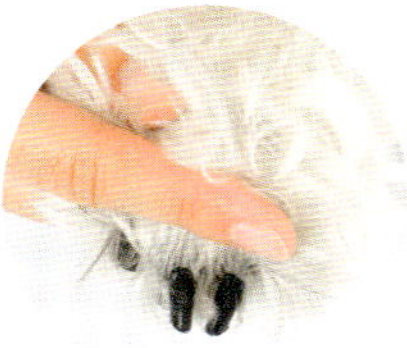
黒爪

白爪

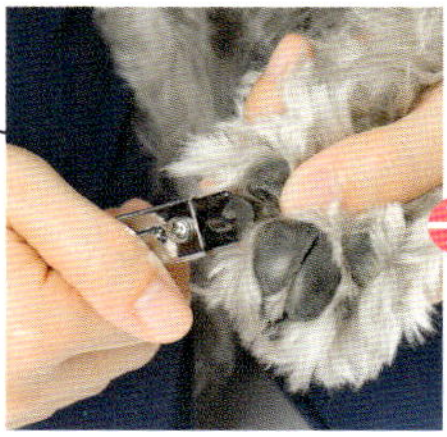
抱き寄せてひじで犬をおさえ、足を後ろにあげて切る。

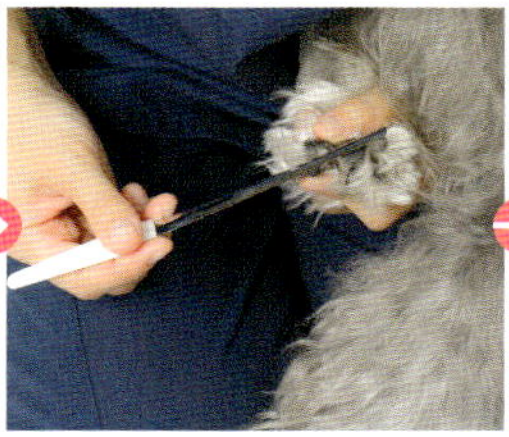
爪やすりで整える。

出血した場合は、止血剤を押しあてる。

耳そうじ

普段はふくだけで、汚れているときはクリーナーで。

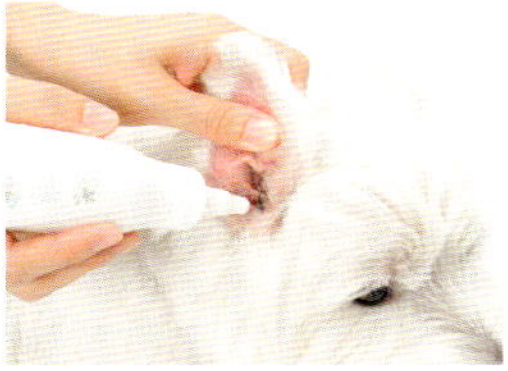
1 耳そうじ液を耳にたらす。

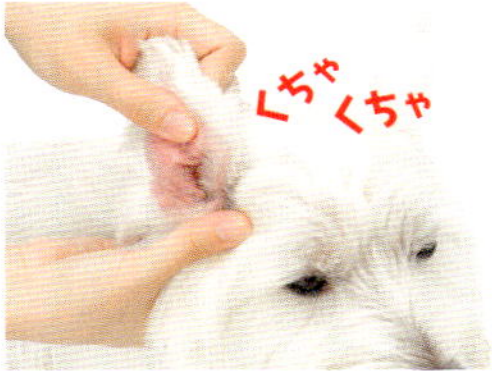

2 耳を指で軽くもむ。

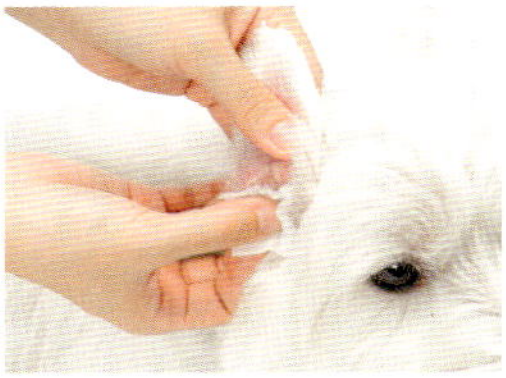
3 コットンで耳の中をふく。

涙焼けなど

ホウ酸水、涙焼け予防ローションでふく。

1 目のまわりをコットンに液をつけてふく。

2 口のまわりも同様に。淡色の毛はまめに。

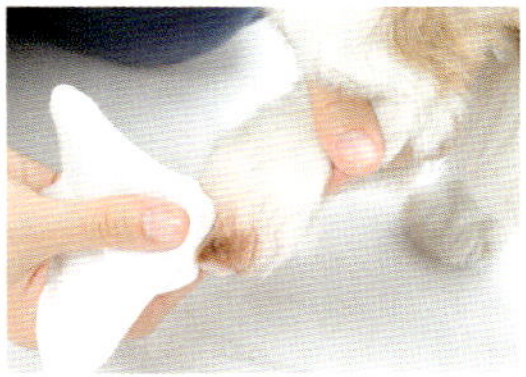
3 足先もまめにふくとよい。

肉球のケア

つやつや肉球を目指せ！

乾燥を防ぐために保護液やクリームを塗る。

耳毛抜き ムダ毛が多い犬種は抜く。

イヤーパウダーをつける。

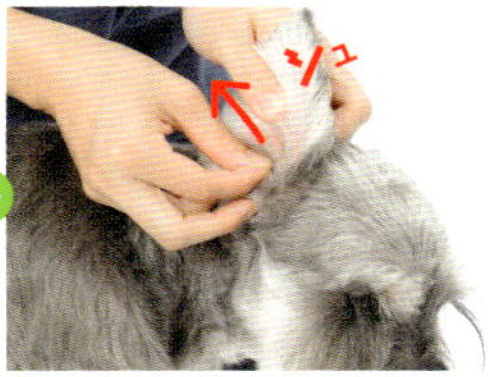

指先で毛を引っぱって抜く。

歯磨き 使いやすいものでトライ！

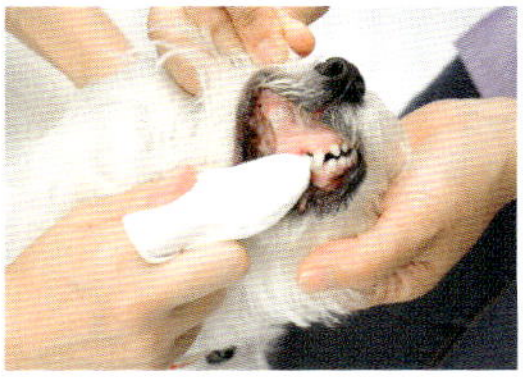
ガーゼを指に巻いて歯を磨く。

犬用歯ブラシで磨く。

室内犬の
匂い＆抜け毛対策

まめなそうじと換気で 部屋をいつも快適に！

自分では気づかなくても、お客さんにはにおいが気になる場合もあります。室内飼いでも部屋を清潔に、においや抜け毛を残さないように、犬のグルーミングやそうじをきちんとしましょう。

そうじは抜け毛対策を徹底し、まめに換気や消臭をすれば完璧です。

おすすめ そうじグッズ

- **エタノールスプレー**
  市販の消毒用エタノールをスプレーに入れて使う。消毒、除菌効果。
- **重曹水スプレー**
  水500mlに重曹大さじ2を入れ、よく混ぜて溶かす。消臭効果がある。

匂い対策

- **換気**
  匂いがこもるので、そうじのときなどに空気を入れ替える。

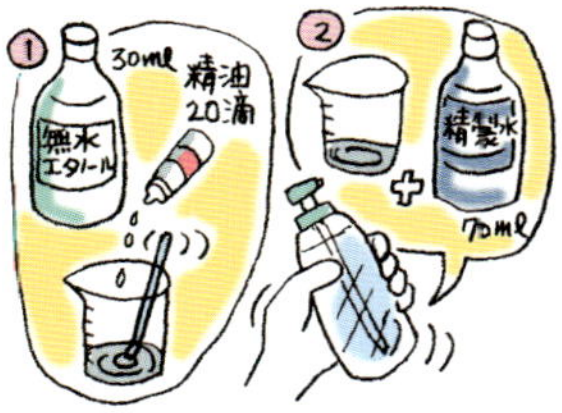

- **アロマスプレー**
  精油を使ったルームスプレーも効果的。無水エタノール30mlに精油20滴を混ぜ、精製水70mlで薄めてしっかり混ぜる。スプレーでひと吹きするだけでOK。
- **消臭に有効な精油**
  ティートリー、ラベンダー、レモングラス、ユーカリ、グレープフルーツ、ローズマリー、ペパーミントなど。

抜け毛対策

- **そうじ用粘着テープ**
  カーペットはそうじ機がけだけでなく、粘着テープで抜け毛をとる。

- **洗濯ネット**
  服についた毛は粘着テープでとる。ほかにつかないように洗濯ネットに入れて洗う。

そうじのポイント

サークル

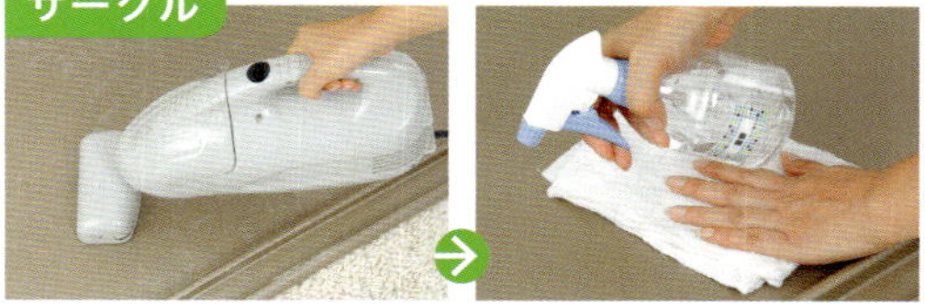

掃除機をかけて抜け毛やホコリをとり除く。

重曹水スプレーをかけてふくとさっぱり。

ハウス

重曹水スプレーをかけてふく。エタノールで仕上げふきしてもよい。

トイレトレー

ときどき枠をはずして水洗い。消臭スプレーをかけてふくとよい。

そそう＆嘔吐対策

オシッコは濡らしたぞうきんでたたくようにふく。きれいになってからエタノールスプレーを使い、乾いた布で水分をふきとっておく。

嘔吐したときは、ティッシュできれいにふきとる。重曹水をスプレーしてぞうきんでたたき、ふきとる。最後にエタノールで消臭。

part
9

ずっと元気に！
室内犬の健康管理

健康を守るには日々のチェックを！

いつもと違うところはない？ 全身をくまなくチェック

　愛犬の健康管理は、飼い主さんの大切な仕事。犬は自分で体の不調を訴えることができません。食欲があまりない、散歩に行きたがらない、便の状態がいつもと違う……。ワンコの体の異変に気づいたら、すぐに獣医さんに診てもらうようにしましょう。

　また、体の各部位に変わったところがないか、毎日チェックする習慣をつけてください。

ワンコの健康を守る4か条

1 毎日健康チェック！

右ページのチェックポイントを参考に、体の各部をチェック。目で見るだけでなく、体に触れて、しこりなどがないかも確認を。

2 動物病院で定期健診を受ける

健康診断は年1回が基本。かかりつけの獣医さんを決めておけばワンコも安心です。ワクチン接種のついでに受けるのがおすすめ。

3 寄生虫の予防、駆除をしっかりと

寄生虫には皮膚や被毛につくノミやダニ、体内に寄生するフィラリアなどがあります(P147)。室内犬もしっかり予防＆駆虫を。薬は動物病院で処方してもらうこと。

4 ワクチン接種も忘れずに

ワクチン接種は伝染病の予防に不可欠。法律で義務づけられている狂犬病のほか、ジステンパーなどの病気を防ぐ混合ワクチンも接種させましょう（P152）

人畜共通感染症に注意

　動物から人へ、または人から動物へ感染する可能性がある病気を「人畜共通感染症（または動物由来感染症）」といいます。狂犬病、レプトスピラ症、パスツレラ症、ライム病、エキノコックス症など、犬から人間にうつる病気もあります。

　犬には顔や口をなめさせない、犬と遊んだあとは必ず手を洗うなどで、しっかり予防を。また、かまれたりしたあとに体調がおかしいときは、早めに診察を受けましょう。

ワンコの健康チェックのポイント

目

健康な目は、汚れがなく
イキイキと輝いている。

- □ 目ヤニや充血はないか
- □ 涙目や、逆に乾いていないか
- □ 角膜は澄んでいるか
- □ 目をかゆがっていないか

耳

健康な耳は、内側が
薄いピンク色でつやつやしている。

- □ 耳から異臭がしないか
- □ 赤くなっていないか
- □ 耳アカが多くないか
- □ 耳ダレが出ていないか
- □ しきりに耳を振ったり、かいていないか

鼻

さわると少し冷たく、しっとりしているのが健康な状態。睡眠中や寝起きは乾燥していることもある。

- □ 鼻水や鼻血が出ていないか
- □ 鼻の形や穴の大きさが左右対称か
- □ ひび割れたり、乾いた皮膚がこびりついていないか

体温

犬の平熱は38.0～39.5度で、人間よりやや高め。体表は気温の変化を受けやすいので、影響を受けにくい耳に指を入れて、平熱の感覚を覚えておくとよい。いつもより熱く感じたら、体温を測ってみよう。

口と歯

健康なときは舌も歯肉もピンク色で、
口臭もあまりしない。

- □ 口が臭くないか
- □ ヨダレが出ていないか
- □ 歯肉が腫れていないか
- □ 歯肉から血が出ていないか
- □ 歯がぐらぐらしていないか

皮膚・被毛

健康状態が悪いと被毛のつやがなくなりがち。
被毛をかきわけ、ノミやダニがいないかもチェック。

- □ 毛づやはよいか
- □ 換毛期以外なのに、大量に毛が抜けていないか
- □ 部分的に脱毛していないか
- □ フケが多くないか
- □ 皮膚が赤くなっていないか
- □ 乾燥したり逆に脂っぽくなっていないか
- □ しこりはないか

足・歩き方

足はケガや捻挫を
しやすい部位。歩き方が
変だったら獣医さんへ。

- □ 足をひきずっていないか
- □ ふらついていないか
- □ 爪が伸び過ぎたり、割れていないか
- □ 足裏が傷ついていないか

お尻

お尻が汚れているときは、下痢をして
いることが多い。

- □ 肛門のまわりが汚れていないか
- □ お尻を地面にこすりつけていないか
- □ お尻をしきりになめていないか

全体の様子をチェック！

- □ 元気はあるか
- □ いつもより動くのを嫌がっていないか
- □ 食欲はあるか
- □ 嘔吐していないか
- □ 発熱していないか
- □ 呼吸が速い、激しいなど、おかしくないか
- □ 咳やくしゃみをしていないか
- □ 姿勢や動きにおかしいところはないか
- □ さわられると嫌がるところはないか

季節に応じたケアで健康を守ろう！

室内で飼っていても季節に応じたケアが重要

日本には四季があるので、暑い夏があれば寒い冬もあります。室内で飼っていても外気温の影響を受けるので、夏や冬は温度管理が欠かせません。

春から秋にかけては、ノミやダニ、蚊（フィラリア）対策が必要です。また、春や秋は換毛期が訪れるので、いつもよりブラッシングをていねいにすること。1年を通して、ワンコが快適に過ごせるために必要なケアをしましょう。

健康管理の年間スケジュール

ワクチン接種や寄生虫の予防薬は、スケジュールを決めておくと安心。

●4月頃には狂犬病ワクチン接種

各自治体から日程の通知がくるので、忘れずに接種を。

●5～11月にはノミ・ダニやフィラリア対策

気温上昇とともにノミやダニ、フィラリアを媒介する蚊が増加。毎月1回予防薬を服用することが多い。

●混合ワクチン＆健康診断は年1回

毎年同じ頃に接種すると効果的。一緒に健康診断も受けておくと安心。

春 朝晩の気温差に気をつける

毎日のブラッシングが大切

暖かい春は、ワンコにとっても過ごしやすい季節です。ただし初春の頃は朝晩の気温差が激しいので、寒いときはハウスに毛布をかけるなど工夫を。

また、気温の上昇とともに毛が生え変わる換毛期になります。ブラッシングをていねいにして、抜け毛をとり除きましょう。

Point ノミ・ダニ・フィラリア対策をスタート

気温の上昇にともない、ノミやダニが増えてきます。ハウスや犬が過ごす部屋の掃除は入念に。予防や駆除の方法は獣医さんに相談を。蚊が媒介するフィラリア症の予防薬の投与も開始しましょう。

ノミ、ダニ、フィラリアなどのスポット剤や薬剤。

夏 暑さ対策が欠かせない

ハウスやエサ容器を清潔に！

日本の高温多湿な夏は、ワンコが苦手な季節。エアコンなどで、温度と湿度を快適に保つように調整を。細菌やカビも発生しやすい季節です。ハウスや食器や飲み水も清潔に保ちましょう。

皮膚のトラブルも多くなる時期なので、ハウスや室内を清潔に保ち、シャンプーやブラッシングもこまめにしてあげましょう。

Point 熱中症・日射病対策をしっかりと

散歩は早朝か夕方以降に。ワンコだけを留守番させるときは、エアコンをドライなど弱めにかけ、暑すぎず、冷え過ぎないよう注意。飲み水もたっぷり用意しておきます。ドライブの際は、車内に犬を置いて出ないこと。

秋 寒暖の差が激しいので要注意

食欲が旺盛になる季節

過ごしやすい気候の秋は、ワンコも食欲旺盛に。夏は食欲が落ちることが多いので、成長に応じた通常量に戻していきましょう。ただし過食には注意を。

9月いっぱいは残暑が厳しいことが多く、10月後半には朝晩の気温差が大きくなります。気温の急激な変化で体調を崩さないように注意を。

Point 換毛期はていねいにブラッシング

秋は被毛が夏毛から冬毛に生え換わる時期。夏毛が抜けるので、こまめにブラッシング。春からはじめたフィラリア対策は、晩秋まで続けましょう。

冬 散歩やお出かけは暖かい日中に

散歩は暖かい時間帯に行こう

冬は寒さで、散歩に出るのもなかなか大変。でも、ワンコの気分転換や運動のため、日中の温かい時間を選んで出かけましょう。雪などで外に出られないときは、室内遊びで運動させてあげるのがおすすめ。

また、ストーブなどでやけどをしないように、サークルで囲むなどの対策を。ホットカーペットでの低温やけどにも要注意。

Point 室内の温度管理、乾燥対策を万全に

犬は寒さに強いので、暖房をかけすぎないこと。また、空気が乾燥していると、咳が出たり、皮膚がかゆくなることもあるので、加湿器を上手にとり入れ、快適な環境を保ちましょう。

7歳以上はシニア犬！幸せに暮らしてね

7歳を過ぎたら ゴハンや世話を見直そう

人の年齢と比較すると、犬は約4倍の早さで成長していきます。7〜8歳を過ぎれば、シニア犬の仲間入り。年齢とともに下のチェックリストにあるような変化が起こってきます。

犬の寿命は約12〜18年。一生の後半を元気に過ごせるように、食事の内容や世話の方法を見直しましょう。

いつもとちがうことがあれば 獣医さんに早めに相談を！

犬は年をとってくると、活動量が減ってきます。寝ている時間が多くなり、ハウスで過ごす時間も増えてきます。散歩や遊びにのってこなくなることもありますが、飼い主さんとのコミュニケーションをとるためにも、無理のない範囲で遊んであげましょう。

また、病気の早期発見のため、健康チェックは欠かさずに。そして、何か気になることがあったら、すぐに獣医さんに相談しましょう。

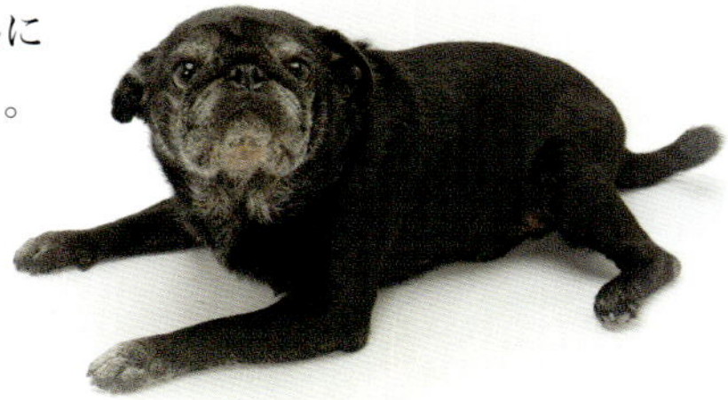

あなたのワンコのシニア度をチェック！

あてはまる項目が多いほど、シニア期に入っています。

- [ ] 名前を呼んでも反応が鈍い。
- [ ] 動作がゆっくりで、物音などに対しても反応が遅い。
- [ ] 段差につまずいたり、飛び乗れなくなる。
- [ ] 散歩を嫌がったり、歩きたがらなくなる。
- [ ] 眠ってばかりいる。
- [ ] 排尿の回数が多くなった。
- [ ] トイレの失敗が多くなった。

シニア犬は心にも変化が出てくる

人恋しく、寂しがりやになる
飼い主の姿が見えなくなることを恐れ、留守番中に鳴き続けるなど「分離不安」が強くなることも。

ストレスに弱くなる
ショックを受けやすくなり、環境の変化に敏感になる。

ほかの犬や人に無関心になる
飼い主さんの呼びかけや、遊びの誘いに反応が鈍くなったり、ほかの犬への関心が薄くなる。

目指せ長生きワンコ！ シニア犬のライフスタイル

シニア期になったら犬の生活全般の見直しを。
年齢に応じて変えることは長生きにつながります。

運動・遊び　散歩や遊びで体と脳を活性化！

適度な運動は、筋力の衰えを防ぎ、血行を促進し、内臓の働きもアップします。運動は、人と同様に若さの維持に欠かせません。適度な散歩や遊びは、病気の予防や脳の活性化にもつながります。

食事　シニア犬フードに切り替える

ドッグフードは低カロリー、低脂肪で消化のよいたんぱく質のシニア犬用にチェンジ。いきなり変えず、今までのフードに混ぜて、徐々に替えていきましょう。

住まい　段差を少なくしてケガを予防

視力が低下したり、筋力が落ちることで動作が鈍くなり、今まで大丈夫だった場所でつまずいたり、テーブルなどの足にぶつかったりすることも。人と同じく、シニア犬にはバリアフリーな住環境を。

コミュニケーション　信頼関係が心の安定につながる

年をとったワンコはそっとしておいてあげたほうがいい？　そんなことはありません。実は飼い主さんとのコミュニケーションは犬の心の安定に欠かせないもの。タッチングしながら、体のチェックをしてあげましょう。

病気予防　年1～2回の健康診断を！

今まで病気知らずだったワンコも、シニア期になるとさまざまな体の不調が出てくるもの。自宅で健康チェックをすることに加えて、動物病院で最低でも年1回、できれば半年に1回は定期健診を受けるようにしましょう。

シニア犬がかかりやすい病気

白内障　新陳代謝の衰えで目の水晶体が白く不透明になり、光が眼底に届かなくなり、視力が衰える。室内で家具にぶつかるようになったときなどは、視力がにぶりはじめている可能性あり。

歯周病　歯石がたまり、歯肉が腫れ、最終的には歯がグラグラして抜けてしまう。歯磨きを習慣にして予防を。

腫瘍　犬は人に比べてガンにかかりやすい。特にメスの乳腺腫瘍はかなりの確率で発生。定期健診で早期発見、治療を。

子犬を増やしたい！繁殖の手順と注意点

親犬の健康状態をよく見て無理のない繁殖計画を

かわいい子犬を増やしたいというときは、妊娠から出産までのスケジュールをよく考えてから行いましょう。里親探しや交配の費用、出産時の世話がきちんとできるかなどを考えてから決めること。

また、犬は安産といわれていますが、個体によっては難産になることもあります。健康状態をよく見極めて、無理がないようにしましょう。

繁殖前のチェックポイント！

●スタンダードからはずれていないか？

子犬を生ませるなら、純血種として犬種を維持するために、スタンダードに近い犬が理想的。親犬がその犬種のスタンダードからはずれていないか確認。

●遺伝的な病気はないか？

親犬に遺伝性疾患があると、子犬に病気が出ることも。親犬が発症していなくても疾患をもっているケースがあるので、動物病院に相談し、健康診断を。

●子犬の引きとり先は大丈夫？

犬は一度に複数の赤ちゃんを産み、多産な場合は10頭以上生まれることも。すべての子犬を自分で育てるのはむずかしいので、きちんと里親を探しておくこと。

パートナーは信頼できる相手先に紹介してもらおう

交配のパートナーは、ブリーダーや動物病院、犬種団体、雑誌などで探すことができます。交配はメス側から申し込み、オス側に交配料を払うのが基本。最初に犬を迎えたときにお世話になったブリーダーなど、信頼できる相手先に紹介してもらうとよいでしょう。

避妊・去勢手術という選択肢

繁殖しないと決めている場合は、避妊・去勢手術をするという選択肢があります。

手術をする時期は、性成熟を迎える前に行なうのが理想的。性成熟は個体差がありますが、メスは小型犬で生後7～10か月頃、大型犬で生後8～12か月頃に最初の発情期を迎えます。オスは生後10か月頃に性成熟を迎えます。生後6か月を過ぎる頃には、手術の時期を獣医さんに相談するとよいでしょう。

避妊・去勢手術のメリット・デメリット

メスのメリット

★発情期のストレスから解放される
★子宮や乳腺などの病気を防ぐことができる
★望まない妊娠をすることがなくなる

オスのメリット

★マーキング、マウンティングなどが減る
★ほかのオス犬への攻撃性が弱まる
★前立腺や睾丸などの病気にかかりにくくなる
★性的欲求のストレスから解放される

オス・メス共通のデメリット

✕手術には全身麻酔が必要
✕あとから繁殖したくなっても不可能
✕肥満になりやすい

交配から出産までの流れ

繁殖の計画と交配

メスは半年ごとに発情する。２回目以降の発情期を迎える春、秋に交配を計画。真夏の出産は避ける。

妊娠期

交配から１か月で妊娠の兆候が現れる。妊娠期間は約63日。妊娠6週目から高カロリーの妊娠用ドッグフードに切り替える。この頃からシャンプーはせず、体をタオルでふいて清潔に保つ。階段の上り下りなどに注意しながら、適度な運動をさせる。

出産

妊娠後期は食事の回数を1日3～4回に増やす。出産間近になると穴を掘るしぐさをするので、ダンボール箱などで産室を作り、静かな場所へ。陣痛がはじまったら、部屋が寒くないよう注意。1回に小型犬の場合は3～6頭、中・大型犬の場合は6～10頭ほどを数時間かけて産む。

出産後

母犬がへその緒をかみ切り、子犬をなめて呼吸や排泄を促したり母乳を与える。母犬が世話をしないときは、子犬をお湯でふいてきれいにし、マッサージして呼吸をさせる。

子犬の成長と世話

生後10日頃

体重が出産時の約２倍に。生後２～３週間は母犬が母乳で育てる。子犬のお尻をなめて排泄させるので、この時期の世話は母犬にまかせる。

生後11～20日頃

目が開き、歩きはじめる。子犬がちゃんと母乳を飲んでいるかを確認。成長が遅れている子犬がいたら、哺乳瓶かスポイトで子犬用ミルクを飲ませる。

生後３週間

乳歯が生えはじめ、排泄も自分でできるようになる。この頃から離乳食をはじめる。温めた子犬用ミルクに子犬用フードを混ぜ、ふやかして与える。

生後4週間

少しずつ離乳食を硬めにして、1日3回与える。

生後6週目

乳歯が生えそろう。離乳食から子犬用のドッグフードに完全に切り替える。親離れさせるため、昼間は母犬と離す時間を作り、夜は一緒に寝かせる。少なくとも生後3か月頃までは母犬やきょうだい犬と過ごさせ、社会性を身につけさせることがしつけの上でも重要。

動物病院の選び方・かかり方

犬を飼いはじめたら、すぐにかかりつけの獣医を決めよう

犬の健康管理をする上で、かかりつけの獣医さんは欠かせない存在です。飼いはじめる前に、動物病院をあらかじめ調べておくのがベスト。

院内が清潔で、獣医さんがていねいに説明してくれる病院だと安心です。

●予防接種の種類

狂犬病		感染した犬にかまれることで感染。意識障害、神経麻痺が起こり死に至る。人にも感染する。
混合ワクチン	ジステンパー	接触や空気感染でうつり、高熱、下痢などを発症。子犬は致死率が高い。神経をおかされ、麻痺などの後遺症が残ることも。
	犬伝染性肝炎	排泄物や嘔吐物などで感染。高熱、下痢、嘔吐、目の白濁などを発症。子犬は突然死も。
	パルボウィルス感染症	排泄物、嘔吐物などで感染。呼吸困難、血便、下痢などが起こる。
	レプトスピラ症	菌を持つ犬やネズミなどから感染。嘔吐、下痢、脱水、黄疸などを発症。
	パラインフルエンザウィルス	病犬の咳やくしゃみで感染。咳、くしゃみ、気管支炎、肺炎など。子犬やシニア犬に多い。
フィラリア症		蚊の媒介で感染。寄生虫が心臓や肺に寄生し、進行すると臓器不全を起こす。

小さい頃から病院に行き、受診の練習をしよう

病気やケガをしてから病院へ行くのでは、ワンコもビックリしてしまいます。予防接種や健康診断など、子犬のうちから病院へ行き、獣医さんや病院の雰囲気にならしておくことが大切です。

また、病院の待合室では自由に歩かせないなど、マナーを守りましょう。

動物病院選びのポイント

□ **なるべく自宅から近い**

なるべく自宅から近い場所の病院が通いやすい。24時間対応、夜間診療、時間外診療があると心強い。

□ **ていねいな先生がいる**

病状や治療方法をわかりやすく教えてくれ、質問にきちんと答えてくれる獣医さんだと安心。

□ **治療費が明朗会計**

動物病院は基本的に自由診療。診察料、検査料、薬代など詳細を明記してくれる病院を選びたい。

□ **待合室や診察室が清潔**

衛生管理がしっかりできていない病院は避けたい。

□ **犬に対して愛情をもって接してくれる**

獣医さんや看護師さんが動物に思いやりがあるかどうかは大切なポイント。

動物病院にかかるときのマナー

1 電話をしてから行く

はじめての際は、動物病院に電話をして
診察の予約をとってから行くとよい。
予約時間に遅れないように、余裕をもって
病院へ行く。

2 病状をキチンと伝える

診察を受けるときには、いつからどんな症状が
現れているかなどをわかりやすく獣医さんに伝える。
事前にメモしておくとよい。

- どんな症状が、いつ頃から出ているか。
- ゴハンは、何をどのくらい食べたか。
- 排泄の量や回数、状態は？
- ワクチン接種はいつ、何を受けたか。

3 ケージやキャリーバッグで連れて行く

ケージなどに入れ、病院まで安全に移動。
移動中の暑さ、寒さ対策をしっかりと。
病院内では院内感染や
トラブルを避けるため、
ほかの動物には近づけない。

待合室では お行儀よく待つ

中型犬・大型犬はリードを持ち、足元で静かに伏せさせる。
小型犬はキャリーケースに入れておくか抱っこする。

4 症状がわかる状態で連れて行く

普段見られない目ヤニやフケなどの症状が
ある場合は、そのままの状態で病院へ。
ふいてしまわないこと。

ペット保険に加入しておくと安心

ペットには、人のような健康保険制度がないので、診察費が多くかかるのが現実です。なるべく病気にかからないよう健康管理をしっかりすることが大切ですが、万一に備え、民間のペット保険に加入しておくと安心。

加入条件や保証内容はいろいろあるので、自分のワンコに必要なプランを見つけてください。ただし去勢・避妊手術や出産費用、歯石除去、先天性疾患、予防接種で防ぐことができる病気には適用されないことが多いので注意を。

症状でわかるワンコの病気

普段とちがうと感じたらすぐ病院へ連れて行こう

犬の様子がどこかおかしいと感じたら、早めに動物病院へ。病気によっては、急激に症状が悪化するものもあります。早期発見、早期治療をすれば、重症化せずに病気を治す確率が高くなります。

同じ症状でも、いろいろな病気の可能性がある！

食欲がない、いつもより元気がない……などの症状は、いろいろな病気や体の不調が原因で起こります。ここでは室内犬に多く見られる症状を紹介しています。

同じ症状でもいろいろな病気の可能性があるので、自分で判断せずに、獣医さんの診察を必ず受けるようにしましょう。

症状でわかる！考えられる病気

全身の症状

- 食欲がない → P155
- 呼吸がおかしい → P155
- やせてきた → P155
- 太ってきた → P155
- ふるえている → P156
- 異常に水を飲む → P156
- オシッコがおかしい → P156
- 下痢・便秘 → P156
- 歩き方がおかしい → P157
- けいれんが起きる → P157

体の各部の症状

- 目がおかしい → P157
- 口や歯がおかしい → P157
- 耳がおかしい → P158
- 鼻がおかしい → P158
- イビキをかく → P158
- ヨダレが大量に出る → P158
- おっぱいが腫れたり、しこりがある → P158
- お尻を床にこすりつけている → P159
- かゆがっている、皮膚がおかしい → P159
- 出血している → P159
- 毛が大量に抜ける → P159

食欲がない

考えられる主な病気 あらゆる病気の可能性がある。

健康なワンコは食欲旺盛です。ゴハンを残したり、食べるのに時間がかかるときは要注意。とくに子犬が食欲がないときは、すぐに病院へ。

犬種やワンコによっても食いしん坊なコや食べることにあまり執着しないコもいます。パグ、ジャック・ラッセル・テリア、ビーグルなどは、1日でも食べなかったらどこか具合が悪いのかもしれません。これらの犬種は太りすぎや盗み食いに注意。

プードル、パピヨン、チワワなどは、食べ物への執着心があまりないコも多いようです。1日1回よい便が出ていて、やせてきていない場合は、十分食べているということなので大丈夫でしょう。

やせてきた

考えられる主な病気 心臓の病気、胃腸の病気、膵臓の病気、腎不全、ガン、糖尿病、腸内寄生虫など。

食べているのに体重が減ってきたときは、心臓病やガン、寄生虫、胃腸の病気、肝臓、腎臓の病気が進行している可能性があります。太っていたワンコが急にやせてきたときは糖尿病かもしれません。食欲がなくやせてきたときは、慢性疾患の可能性も。膵炎や小腸の病気のときは、たびたび吐いたり、下痢をしていることがあります。

細身のイタリアン・グレーハウンドは、寒い時期には少ない脂肪が燃焼され、やせる傾向があるようです。やせ型の犬や運動量の多い犬は、質のよい食事で体型を維持しましょう。

呼吸がおかしい

考えられる主な病気 熱中症、副鼻腔炎、気管虚脱、軟口蓋過長症、肺炎、肺水腫、気胸、横隔膜ヘルニア、感染症、フィラリア症など。

苦しそうに呼吸をしていたり、咳が出るときは病気かもしれません。呼吸器の病気だけでなく、心臓、腎臓、中毒などが原因の場合も早くて浅い呼吸に。

ケガなどで痛みや興奮があるときも呼吸が早くなります。ノドに入りこんだ異物を出そうとするような咳は、フィラリア症の特徴。早めに動物病院へ。運動したあとや興奮したとき、暑い日などに呼吸が早くなるのは正常です。

太ってきた

考えられる主な病気 甲状腺機能低下症、副腎皮質機能亢進症、栄養過多、肥満など。

太りすぎると、皮膚病や、骨や筋肉に負担がかかるため、膝蓋骨《しつがいこつ》脱臼、変形性脊椎症、椎間板ヘルニアになりやすくなるので要注意。食べすぎではないのに太ってきたときは、甲状腺機能低下症などのホルモンバランスの乱れが疑われます。

元気があるのに水を大量に飲み、お腹だけがふくらんでいる場合は、副腎皮質機能亢進症かもしれません。また、体がむくんだり、腹水がたまっているときも体重は増加。体重が激しく増えたときは、動物病院へ。

ふるえている

考えられる主な病気 寒気、発熱、吐き気、不安、恐怖、なんらかの痛み、神経症状など。

寒いときだけでなく、驚いたりおびえたりしたときにも、犬はふるえます。また腹痛や眼の痛みに耐えて、ふるえていることもあります。寒さでのふるえは温めてあげて、精神的なものは恐怖をとり除いてあげましょう。痛みでふるえているときは、ただちに獣医師に診てもらうようにしてください。

ダックスフンドやコーギーなど胴の長い犬の場合は、背骨の軟骨や神経を痛めると、体を支えきれずに後ろ足がつねにふるえていることもあります。

オシッコがおかしい

考えられる主な病気 血尿➡膀胱炎、尿石《にょうせき》症、腎炎、前立腺炎、膀胱癌など。血色素尿➡タマネギ中毒、フィラリア症、レプトスピラ症など。多飲多尿➡慢性腎不全、糖尿病、尿崩《にょうほう》症、クッシング症候群など。失禁➡尿石症、糖尿病、ホルモン性の症状など。

血尿が出る膀胱炎、尿石症、腎炎などは、寒い季節に多く発症。赤血球が壊れて色素が尿に混じる血色素尿は、タマネギ中毒やフィラリア症、レプトスピラ症で見られる症状です。多飲多尿なら慢性腎不全や糖尿病も疑われます。失禁はうれしくて興奮しているときにも見られますが、尿石症や糖尿病などの可能性も。避妊手術をしたメスは、ホルモンの影響で失禁しやすくなります。

スコティッシュ・テリア、シェットランド・シープドッグ、ウエスト・ハインランド・ホワイト・テリア、ワイヤー・フオックス・テリアは、膀胱移行上皮癌になりやすい犬種です。定期的に尿検査を。

異常に水を飲む

考えられる主な病気 糖尿病、副腎皮質機能亢進症、慢性腎不全、脱水（下痢・嘔吐の影響）子宮蓄膿症、尿崩《にょうほう》症など。

暑い日や運動で体温が上昇したときには、犬は体温を下げるため大量に水を飲みます。逆に寒い日は飲水量が減ります。味の濃いものを食べたときも、水をたくさん飲むことがあります。ドライフードを食べている場合は、飲水量が多めでも正常です。しかし、これら以外の場合に大量の水を飲むのは、病気のサインかもしれません。

オシッコの量が多く、やせてきていたら、糖尿病、慢性腎不全、尿崩症の可能性が。また、脱毛が同時にある場合は、副腎皮質機能亢進症の疑いがあります。避妊手術をしていないメスでは、子宮蓄膿症も疑われます。

下痢・便秘

考えられる主な病気 下痢➡細菌・ウイルス感染、膵炎、寄生虫、異物誤飲、腫瘍、食べすぎなど。便秘➡便秘、会陰ヘルニア、前立腺肥大、肛門周囲腺腫、腫瘍など。

＊石や砂などの異物を食べて、便の出が悪いこともある。

下痢の最大の原因は、消化不良。神経質な犬は環境の変化などのストレスで下痢することも。子犬が下痢をしているときは、母犬から寄生虫をもらっている可能性があります。ワクチン接種していない犬なら、パルボなどのウイルス感染も疑われます。ボールやヒモなどの異物を飲み込んで腸閉塞を起こしたときも下痢をします。

犬はあまり便秘をしないので、便秘のときは腸の病気の可能性が大。肉や骨をたくさん食べたときは便が固くなり、一時的に便秘になることもあります。

歩き方がおかしい

考えられる主な病気 足裏に異物（石、草のトゲや種、ガラス、画びょう、ガムなど）、虫さされ、爪の欠損、肉球のひび割れ、レッグペルテス、膝蓋骨脱臼、股関節脱臼、骨折、変形性脊椎症、椎間板ヘルニア、内耳炎、ケガ、関節炎、腫瘍、小脳萎縮、失明など。

散歩のあとに足を引きずっているときなどは、足の裏に石やガラスなどが刺さったか、靭帯を痛めたのかもしれません。若いトイ・プードルやイタリアン・グレーハウンドなどの骨が細くきゃしゃな犬は、抱いていて落としたときなどに、足を骨折する危険があります。ヨークシャー・テリアやポメラニアンなどの膝蓋骨がはずれやすい小型犬は、フローリングなどですべって足を痛めることがあります。ダックスフンドやウェルシュ・コーギーなど胴の長い犬が後ろ足に力が入らないときは、椎間板ヘルニアか脊椎を痛めている可能性があります。

老犬がまっすぐ歩けないときは、小脳に問題があることも。おそるおそる前足を突き出すように歩くときは、失明している可能性があります。

けいれんが起きる

考えられる主な病気 てんかん、中毒、頭部への外傷、門脈シャント（肝性脳症）、ジステンパー、破傷風、狂犬病、低血糖など。

けいれんの発作中は刺激すると症状が悪化するので、揺らしたり大声をかけたりせずに部屋を暗くして静かに見守ります。家具などに頭をぶつけないよう、バスタオルやクッションで保護しましょう。発作が頻繁に起こるようなら、発作の起きた日にちや時間、天気などを記録して獣医に相談しましょう。

チワワやポメラニアンなどの小型犬は、水頭症や低血糖症が多く、けいれんを起こしやすい犬種。また、子犬は低血糖症になりやすいですが、砂糖水を飲ませるとけいれんがおさまることも。５分以上発作が続く場合は動物病院へ連れて行きましょう。

目がおかしい

考えられる主な病気 目ヤニ➡感染、結膜炎、角膜炎、ドライアイ、アレルギー、眼瞼内反・外反など。眼の色がおかしい➡結膜炎、角膜炎、ドライアイ、チェリーアイ、白内障、緑内障など。まばたきや涙➡角膜炎、角膜潰瘍、さかさまつげ、網膜剥離、鼻涙管閉塞、マイボーム腺閉塞など。目が見えていない➡網膜剥離、進行性網膜萎縮、白内障、緑内障。

眼の色がおかしい、目ヤニが多い、涙があふれているなど異変があったら、すぐに動物病院へ連れていきましょう。まぶしそうにしたり、まばたきが多いときは、シー・ズーやダックスフンドに多い、さかさまつげ、草や木の枝、シャンプー剤などで角膜が傷ついているのかもしれません。歩いていてモノにぶつかるようになった、モノを探すとき見当違いの場所を探すなどいうときは、進行性網膜萎縮や網膜剥離などで視力が落ちてきているのかもしれません。

また、シー・ズー、パグ、フレンチ・ブルドッグ、ボストン・テリアなどは目が大きく鼻が低いので、角膜を傷つけやすいので注意しましょう。

口や歯がおかしい

考えられる主な病気 歯周病、口内炎、慢性腎不全、消化管内寄生虫、口腔内異物、食道内異物、胃腸炎、感染症、腫瘍、根尖周囲膿瘍、歯髄炎。

口が匂うときは、歯周病にかかっている可能性があります。ふだんから歯磨きをしっかりして、歯周病を予防しましょう。また、内臓の病気が口臭を引き起こすことも。腎不全や肝障害で代謝・排泄が十分にできないと、血液中の老廃物が肺で呼気に混じり、息が臭くなります。胃腸に炎症があったり、消化管内に虫が寄生している場合も口臭がします。歯ぐきからの出血が見られたら腫瘍の可能性も。歯がぐらついたり、口をさわられると嫌がるようなら、根尖周囲腫瘍や歯髄炎も疑われます。

耳がおかしい

考えられる主な病気 外耳炎、中耳炎、内耳炎、アレルギー性皮膚炎、耳血腫《じけつしゅ》、異物の混入、寄生虫など。

耳アカが多かったり、嫌な匂いがするときは、外耳炎かもしれません。細菌やマセラチアなどの酵母菌の感染、草の種などの異物混入、寄生虫（マダニ、耳カイセン）、アレルギー性皮膚炎などが原因で起こります。かゆみでかき壊すことで悪化します。痛みがあるようなら、中耳炎や内耳炎の可能性もあります。

また、頭を振るときは耳の違和感かもしれません。

鼻がおかしい

考えられる主な病気 外傷、鼻腺癌、歯根膿瘍、感染症、肺水腫、腫瘍、免疫性疾患など。

風邪でも鼻水が出ますが、歯の根っこが膿んで（歯根膿瘍）鼻の中にまで及んでいたり、心不全で肺に水がたまって（肺水腫）も鼻水が出ることがあります。外傷による鼻血は少しすると止血しますが、鼻血がなかなか止まらないときは鼻腺癌の疑いも。

また、鼻の形が左右非対称だったり、ひび割れているときは、腫瘍や免疫性疾患かもしれません。

ヨダレが大量に出る

考えられる主な病気 歯周炎、口内炎、胃腸炎、てんかん、熱中症、腫瘍、巨大食道症など。ほかに感染（狂犬病、ジステンパー、レプトスピラ症）、中毒、車酔いなど。

唇のたれている犬種や鼻が平らな犬種はヨダレが目立ちます。しかし、大量のヨダレ、ヨダレに血が混じる、口臭がひどいときなどは病気の疑いも。

散歩後にヨダレが止まらないときは、中毒性植物など何かをかじったことが原因かもしれません。

イビキをかく

考えられる主な病気 軟口蓋過長症、咽頭虚脱、気管虚脱、咽頭麻痺、鼻腔狭窄、鼻腺癌など。

フレンチ・ブルドッグやパグ、シー・ズー、ペキニーズなど、短頭種のワンコがイビキをかくのは、ノドや鼻の構造上、正常です。しかし鼻の長い犬種が、歳をとってイビキをかきはじめたという場合は、鼻の中に腫瘍ができていたり、ノドが麻痺している可能性があります。太りすぎると、気管が圧迫（扁平気管）されて狭くなることもあるようです。

生まれつき軟口蓋や咽頭蓋が長く、気道を塞いでしまっている犬もイビキをかきます。呼吸が困難な場合は、外科手術で長い軟口蓋や咽頭蓋を短くしてあげると楽になり、イビキもおさまります。

おっぱいが腫れたり、しこりがある

考えられる主な病気 乳腺炎、乳腺腫瘍、皮膚腫瘍など。メスは偽妊娠《ぎにんしん》、妊娠など。

おっぱいが腫れたり、しこりがあるときは乳腺腫瘍や皮膚腫瘍の疑いがあります。乳腺腫瘍は6歳以上のメスに多く発症し、悪性の確率は約50%。悪性の場合、リンパ節や肺などに転移することも。乳腺腫瘍の発生には卵巣ホルモンが関係しているといわれているので、避妊手術をすると予防できます。

また、発情中に妊娠しなかったメスには偽妊娠が起こることがあり、おっぱいが大きくなったり乳が出ることもあります。

お尻を床にこすりつけている

考えられる主な病気 肛門のうに分泌物がたまっている、ウンチがお尻についている。病気では、肛門腺破裂、寄生虫、アレルギー、肛門周囲腺炎、肛門周囲腺腫など。

犬の肛門には、「肛門のう」があります。犬同士があいさつするときにお尻の匂いをかぎ合うのは、肛門のうの分泌物の匂いを確認しているのです。お尻を引きずっているときは、分泌物がうまく出なくて違和感があるときか、ウンチがついて気持ち悪いことが多いようです。肛門腺はコツを覚えれば絞れるので、シャンプーのときなどに定期的にお手入れを（P138）。

肛門腺を絞ってもお尻を気にするときは、瓜実条《うりざねじょう》虫《ちゅう》などの寄生虫の可能性も。オスは肛門周囲腺炎や肛門周囲腺腫になりやすいといわれています。お尻を洗ってキレイに保ってあげましょう。

出血している

考えられる主な病気 外傷（ケンカ、交通事故）、鼻出血、胃潰瘍、出血性胃腸炎、膀胱炎、泌尿器疾患、生殖器疾患、腫瘍など。

出血を見て飼い主が興奮すると犬も興奮し、ますます出血がひどくなります。落ち着いて低い声で犬と接し、出血している部位をまずは確認。爪や皮膚からの出血なら、ガーゼやハンカチ、ティッシュなどで5分ほど押さえます。爪がとれかかったり、縦に割れている場合、再出血する可能性があるので包帯を巻き、動物病院で処置してもらいましょう。

四肢から出血し、出血量が多い場合は患部を心臓より高くしてタオルなどで押さえます。消毒液の影響で再び出血することがあるので、消毒はしなくてOK。傷口が汚れていたら、水道水で洗い流します。鼻や耳、口、肛門、ペニス、陰部などから出血している場合は、重大な病気の可能性も。早いうちに診察を受けましょう。

かゆがっている、皮膚がおかしい

考えられる主な病気 かゆがる➡感染、寄生虫（ノミ、マダニ、蚊、シラミ、カイセン）、アレルギー性皮膚炎（食餌、花粉・ほこり）、膿皮症など。まちがった毛のお手入れ（洗いすぎ、シャンプー剤の洗い残し、毛玉、強すぎるブラッシング）。皮膚の異常➡栄養不足、感染、カイセン症、脂漏《しろう》症、腫瘍、寄生虫、アレルギーなど。

かゆみの原因はさまざまですが、かいたりかんだりすることで悪化してしまいます。早めに診察を受けて、原因を把握してコントロールしましょう。

寄生虫は春から秋にかけて発生しやすいので、早めに駆虫薬を処方してもらい予防をしっかりしましょう（P147）。室内犬は生活を共にするため、匂いや汚れを気にして洗いすぎているケースが多く見られます。皮膚のバリアである皮脂をとりすぎると、皮膚の免疫力が落ちて皮膚病になっています。毛質に合わせた適切なシャンプーと、シャンプー後は完全に乾燥させることが予防になります。

毛が大量に抜ける

考えられる主な病気 副腎皮質機能亢進症、甲状腺機能低下症、カイセン症、膿皮《のうひ》症、栄養不足、性ホルモン失調、ストレスなど。

脱毛の原因は、ストレス、ホルモンの乱れなどさまざま。かゆみや皮膚の炎症を伴っている場合は、細菌感染やカイセンなどの寄生虫が原因かもしれません。また、シャンプー直後に大量に脱毛するときは、シャンプー剤が肌に合わなかったり、洗い残しがあるケースも。低刺激のシャンプーで洗い直して、ようすを見てみましょう。

柴犬やウェルシュ・コーギー、パグ、ラブラドール・レトリーバーなど短毛種の犬は、春と秋の換毛期に多量の脱毛が見られますが、これは問題ありません。

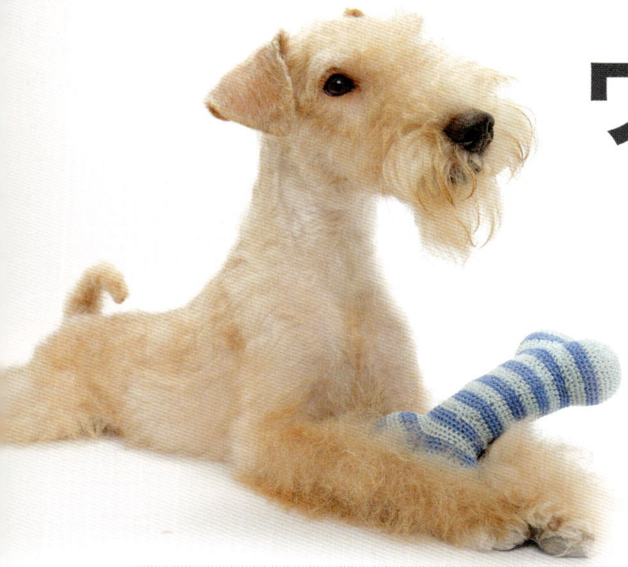

ワンコの看病と応急処置

飼い主さんの看病がワンコの回復に役立つ

病気やケガをしたときは、まずは動物病院で診察・治療を受けますが、その後は飼い主さんが看病することが大切。心の通った飼い主さんが投薬などのケアをすることで、ワンコの健康の回復は早まります。

また、ヤケドや出血、熱中症などは素早い対処が必要です。病院へ行く前にやっておくべき応急処置を知っておきましょう。

ヤケド

熱湯や油などでヤケドをしたら、すぐに冷やしましょう。水を流しながらあてるか、氷をビニール袋に入れて、20分以上冷やします。薬品などによるヤケドの場合は、水で洗い流してから病院へ連れて行きましょう。

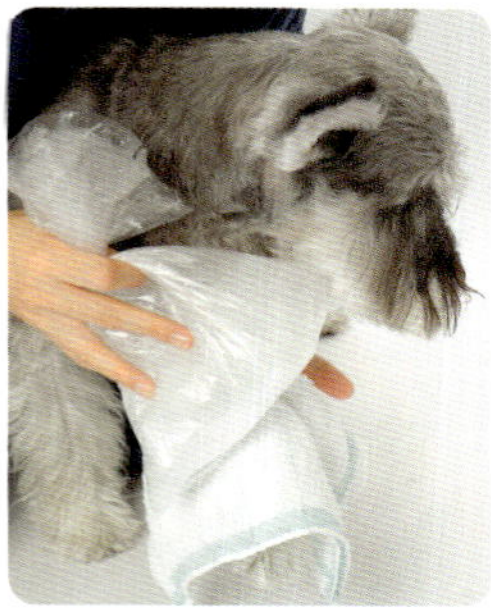

薄いタオルをあてた上から、ビニール袋に入れた氷をあてて冷やす。

出血

ケガで出血したときは、ガーゼなどで傷口を圧迫して止血。ガーゼの上から包帯などを巻いて、動物病院へ連れて行きます。

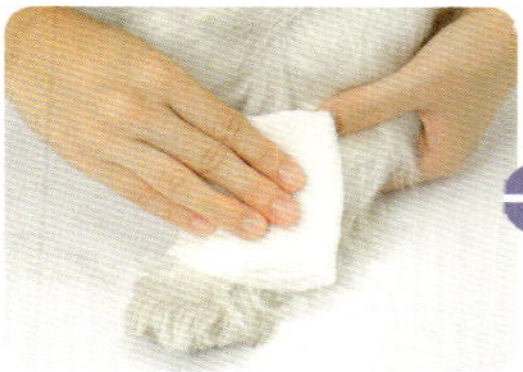

まずはガーゼなどで圧迫止血。

その後、包帯などで傷口を保護し、病院へ。

熱中症

普段より息が荒い、体が熱い、歯肉が赤いなどは熱中症のサイン。涼しい場所に移動して、冷たいタオルや水、氷などで体を冷やして体温を下げます。水やスポーツドリンクを飲ませて水分を補給しましょう。

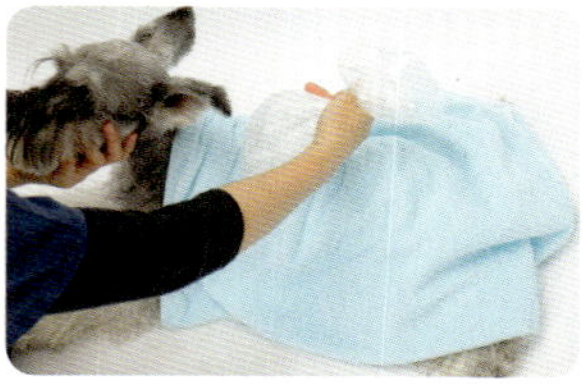

冷水でぬらしたタオルをかけ、体温を下げる。タオルの上から氷や保冷剤などをあてる。

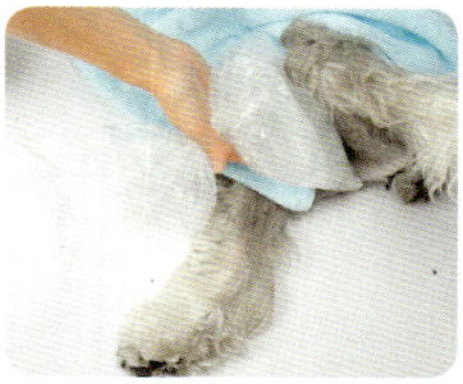

足のつけ根を冷やすのもよい。

かみつき対策

ケガや体調が悪いと、思わずかむことも。かみつき対策には、処置の前に口輪をするのがおすすめ。包帯などでも応用できます。

薬の飲ませ方

錠剤の場合

鼻を上に向けて口を開けさせ、薬を入れる。

鼻をあげたまま口を閉め、ごっくんさせる。

薬を仕込む商品もある。チーズなどに仕込んでもOK。

粉末の場合

ドッグフードにかけるか、ウエットタイプのフードに混ぜ込んで食べさせます。ドライシロップの場合は水に溶かし、スポイトで口の端から入れて飲ませましょう。

目薬のさし方

アゴの下から手をあてて頭を支え、目頭から流し込むようにしてさす。頭を支える人と、目薬を流し込む人に分かれて、2人でやるのがおすすめ。

心臓マッサージと人工呼吸

呼吸や心拍が止まったら、心臓マッサージと人工呼吸を交互に行います。心臓のある左前足のつけ根の奥あたりに手をあて、首のほうに向けて圧迫します。

人工呼吸は、犬のアゴを上げてまっすぐにして気道を確保。口を閉じ、鼻から息をふきこみます。呼吸が戻るまで行ないます。

左前足のつけ根から首の方向に、1分間に120回圧迫する。

首を上げてまっすぐにし、鼻から直接息をふきこむ。1分間に12～20回。

ワンコ用救急箱を用意する

ケガをしたときの応急処置に使うものや常備薬をまとめておくと便利。

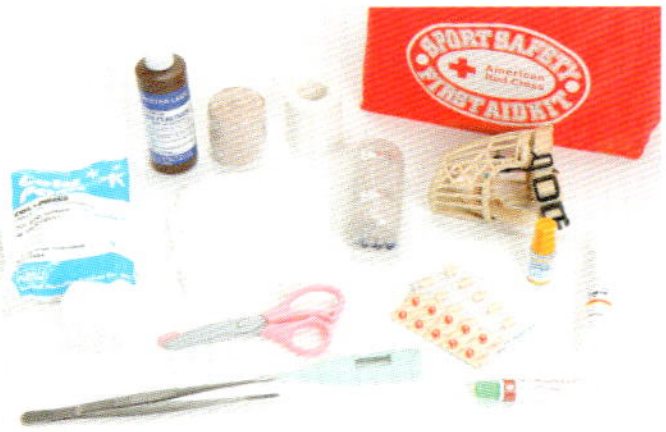

- [ ] ガーゼ
- [ ] コットン
- [ ] 包帯
- [ ] ばんそうこう
- [ ] 消毒薬
- [ ] 常備薬
- [ ] ハサミ
- [ ] ピンセット
- [ ] 体温計
- [ ] 口輪

いざというとき安心！

非常用・持ち出しグッズリスト

地震などの災害時に家から避難する場合に備え、最低限の必需品をまとめておきましょう。ドッグフードや水は定期的に交換を。また、マイクロチップを入れておくと、脱走やはぐれたとき、戻ってくる可能性が高くなります。

マイクロチップと読みとり器

- [ ] ハウス（体全体が入り、犬が中で休める大きさのもの）
- [ ] 首輪とリード
- [ ] ドッグフード（最低1週間分）
- [ ] 飲み水と容器
- [ ] トイレットペーパー
- [ ] ペットシーツ
- [ ] ゴミ袋
- [ ] ビニール袋
- [ ] タオル
- [ ] 靴下（足のケガ防止用）
- [ ] ウエットティッシュ

part 10

どんなワンコと暮らす？
犬種ガイド

グループ別 ワンコの特徴

犬は人のそばで働くために、目的に応じてさまざまな品種改良がされてきました。それぞれの仕事や役割によって、10のグループに分けることができます。それぞれの特徴を知ることで、よりワンコとなかよくなれます。

1 牧羊犬・牧畜犬

牧羊犬や牧畜犬を祖先にもつ犬のグループ。牧場で羊や牛の群れを誘導したり、外敵から家畜を守るのが仕事だった。運動神経がよく、なわばり意識が強い。

主な犬種 **ウェルシュ・コーギー・ペンブローク、ボーダー・コリー、シェットランド・シープドッグ、**ジャーマン・シェパード・ドッグなど

2 番犬・護衛犬

家畜を守る番犬、救助犬や闘犬、重い荷物を引くなど、狩猟以外のいろいろな仕事をしてきた犬のグループ。警戒心が強いので、ペットで飼う場合も番犬に向いている。

主な犬種 **ミニチュア・シュナウザー、ミニチュア・ピンシャー**、バーニーズ・マウンテン・ドッグ、ブルドッグ、ボクサー、ドーベルマンなど

3 テリア

テリアの名前は、ラテン語の「テラ（土、地球）」が由来。ネズミやアナグマなどの狩りの手伝いが仕事で、穴掘りが上手。体は小さいが、エネルギッシュで快活な性質。

主な犬種 **ヨークシャー・テリア、ウエスト・ハイランド・ホワイト・テリア、ジャック・ラッセル・テリア、ワイアー・フォックス・テリア、ミニチュア・ブル・テリア**など

4 ダックスフンド

ダックスはドイツ語で「アナグマ」、フンドは「獣猟犬（ハウンド）」の意味。特徴的な胴長短足の容姿は、地面の穴に住むアナグマやウサギを獲るために改良されたもの。

主な犬種 **ミニチュア・ダックスフンド**、ダックスフンド

5 原始的な犬・スピッツ

英語では「プリミティブ・タイプ」で、原初的な犬の形を残した犬種のこと。スピッツや日本原産のほとんどの犬種が、このグループに属している。

主な犬種 **ポメラニアン、柴、バセンジー、**秋田、甲斐、紀州、シベリアン・ハスキー、日本スピッツなど

6 嗅覚獣猟犬

英語では「セントハウンド」と呼ばれる。セントとは匂い、嗅覚のことで、鋭い嗅覚で獲物を探し出し、大きな声で吠えて知らせる仕事をしてきた犬種。

主な犬種 **ビーグル**、バセット・ハウンド、ダルメシアン、アメリカン・フォックスハウンドなど

7 鳥猟犬 1（ポインティングドッグ）

獲物となる鳥を探し、場所を教えるのが「ポインティングドッグ」と呼ばれる鳥猟犬の仲間。ハンターがくるまで、獲物を引き止めておくのが仕事。

主な犬種 アイリッシュ・セター、イングリッシュ・セター、ワイマラナー、イングリッシュ・ポインター、ブリタニー・スパニエルなど

8 鳥猟犬 2（レトリーバー、フラッシングドッグ、ウォータードッグ）

レトリーバーは撃ち落とした獲物を拾ってハンターに届ける。フラッシングドッグは隠れている鳥を飛び立たせ、ウォータードッグは水の中に落ちた獲物を回収する。

主な犬種 **ゴールデン・レトリーバー、ラブラドール・レトリーバー、アメリカン・コッカー・スパニエル、イングリッシュ・スプリンガー・スパニエル**など

9 愛玩犬

「コンパニオンドッグ」「トイドッグ」とも呼ばれる愛玩犬は、人間のパートナーとして暮らす目的で作られた犬種。小さい犬がほとんどで、初心者でも飼いやすい。

主な犬種 **トイ・プードル、チワワ、シー・ズー、マルチーズ、パピヨン、キャバリア・キング・チャールズ・スパニエル、フレンチ・ブルドッグ、パグ**など

10 視覚獣猟犬

「サイトハウンド」といわれるこのグループの犬は、視覚（＝サイト）がよく、獲物を優れた視力で発見し、素早く追跡する。運動能力が高い犬が多い。

主な犬種 **イタリアン・グレーハウンド**、ボルゾイ、アフガン・ハウンド、アイリッシュ・ウルフハウンド、サルーキなど

※国際畜犬連盟（FCI）の分類に準じる

トイ・プードル

手入れのしやすさ	★★
しつけのしやすさ	★★★★
吠えやすさ	★★
運動量の多さ	★★★
性格の穏やかさ	★★★★

DATA

原産国●フランス　体高●28cm以下　体重●3kg前後
毛色●ブラック、ホワイト、ブルー、グレー、ブラウン、アプリコット、クリーム、シルバー、シルバー・ベージュ、カフェ・オ・レ、レッドなど

しつけがしやすくて、かわいい！はじめてのワンコにおすすめ

鳥猟犬として活躍してきた大型のプードルを、小型化したのがトイ・プードル。頭脳明晰、従順で明るい性質、飼い主と遊ぶのが好きで活発なコが多く、初心者におすすめの犬種のひとつです。

抜け毛は少ないですが、トリミングは必要。甘えん坊で人なつっこい性格のコが多い反面、神経質な一面もあります。

しつけのPoint

子犬の頃から社会化のトレーニングを

臆病な性格の犬も多いので、子犬の頃から社会化のトレーニング（P56）をして、いろいろなことになれされること。興奮しやすいコも多いので、タッチング（P50·74）やハウス・トレーニング（P47·72）をしっかりと。

DATAのみかた

■体高と体重
成犬時の平均的な数値だが、個体差があるので、あくまで目安。なお体高は、犬が立った状態で床から肩までの高さ。

■手入れのしやすさ
★の数が多いほど、手入れがしやすい。

■しつけのしやすさ
★の数が多いほど、しつけがしやすい。

■吠えやすさ
★の数が多いほど、吠える傾向が強い。

■運動量の多さ
★の数が多いほど、運動量が必要。
※ただし★が少ない犬でも、散歩は社会化の訓練やストレス解消のために必要。

■性格の穏やかさ
★の数が多いほど、性格が穏やか。

チワワ

手入れのしやすさ	★★★★★
しつけのしやすさ	★★★
吠えやすさ	★★★★
運動量の多さ	★★★
性格の穏やかさ	★★★

DATA

原産国●メキシコ　体高●15～23cm　体重●0.5～3kg
毛色●フォーン、ブルー、ブラック、チョコレート、クリーム、ブラック＆タンなど

大きな瞳がとってもキュート 体は小さいけれど、勝気で勇敢

世界で一番小さい犬種で、大きなうるんだ瞳がチャームポイント。被毛が長いロングと、短いスムースの2種類があり、カラーバリエーションも豊富です。“アップルヘッド”と呼ばれる愛らしい額と大きな耳が特徴的。

機敏で注意深く、体が小さいぶん、自己防衛本能が強く、頑固な性格になりやすい一面があります。

しつけの Point

小さいからといって、甘やかすのは禁物

体が小さいので、ついいろいろなことを許してしまう結果、吠えたり、かんだりと、手がつけられないコになってしまうケースが多い。甘やかさず、子犬のしつけ（P44~66）をきちんとやろう。体をさわられるのを嫌がるコが多いので、子犬の頃からタッチング（P50·74）をしっかりと。甘がみから本がみになることもよくあり、甘がみのしつけ（P66）をすることも大切。

ミニチュア・ダックスフンド

手入れのしやすさ	★★★★
しつけのしやすさ	★★★
吠えやすさ	★★★★
運動量の多さ	★★★★
性格の穏やかさ	★★★

DATA

原産国●ドイツ　体高●13～15cm　体重●4.5～4.8kg
毛色●レッド、ブラック&チョコレート、ダークレッド、ワイルドボアなど毛質によって異なる

知的で明るく、活発な遊び好き 室内犬として高い人気を誇る

アナグマ狩りに使われていたダックスフンドを、より巣穴の小さいウサギ猟などのために小型化したのがミニチュア・ダックスフンド。体高と体長の比率が1:2という胴長短足の体型、愛らしい顔つき、そして豊富なカラーバリエーションで、根強い人気を誇る犬種です。

猟犬だけに、勇敢で強い気質も持ち合わせています。

しつけの Point

警戒吠えが多いので、環境を整えてあげる

元来、友好的で落ち着きがある性質だが、警戒吠えが多いので、ハウス・トレーニング（P47·72）をして、環境を整えてあげることが大切。子犬の頃からタッチング（P50·74）をしっかりやって信頼関係を築くとよい。

シー・ズー

手入れのしやすさ	★★
しつけのしやすさ	★★★★
吠えやすさ	★★
運動量の多さ	★★
性格の穏やかさ	★★★★★

DATA

原産国●中国（チベット）
体高●26.7cm以下
体重●4.5～8.1kg
毛色●ホワイト＆ゴールド、ブラック＆ホワイトなど

宮廷育ちの気品が漂う、愛嬌たっぷりの人気者

中国の宮廷で神聖なる神の使者としてあがめられ、獅子狗（シー・ズー・クウ）と呼ばれていました。

攻撃性が低く、性格がおっとりしていてムダ吠えも少ないので、初心者でも飼いやすい犬種。ボリュームのある被毛は、トリミングと毎日のお手入れが欠かせません。

しつけの Point

オスワリ、フセなどをどんどん練習しよう

活動的で自立心があり、問題行動が少ないので、初心者でも飼いやすい犬種のひとつ。明るい性格で、柔軟性があるコが多く、訓練もしやすい。オスワリ、フセなどのトレーニングも積極的に練習しよう。

ポメラニアン

手入れのしやすさ	★★★
しつけのしやすさ	★★
吠えやすさ	★★★★★
運動量の多さ	★★
性格の穏やかさ	★★★

DATA

原産国●ドイツ　体高●18～22cm　体重●1.8～2.3kg
毛色●ブラック、ブラウン、チョコレート、レッド、オレンジ、クリーム、ブラック＆タンなど

表情豊かで快活な性格 フワフワした被毛が愛らしい

スピッツ族の一犬種・サモエドが祖先犬。今は小型犬の代表ですが、もともとはソリを引くほどの大型犬種でした。性格は素直で快活ですが、やや過敏で神経質な面と自分より大きな犬や人に対しても立ち向かっていく気の強さを持ち合わせています。番犬にも向いています。

しつけの Point

子犬の頃からいろいろな音にならすといい

学習能力が高いので、訓練しやすい。音に敏感で警戒吠えが多いので、子犬の頃から、いろいろな環境の音にならしていくとよい。ハウス・トレーニング（P47·72）やタッチング（P50·74）もしっかりやろう。

ヨークシャー・テリア

手入れのしやすさ	★★★☆☆
しつけのしやすさ	★★☆☆☆
吠えやすさ	★★★☆☆
運動量の多さ	★★★☆☆
性格の穏やかさ	★★☆☆☆

DATA

原産国●イギリス（ヨークシャー）
体高●22.5～23.5cm　体重●2～3kg
毛色●ダーク・スチール・ブルー＆タンなど

可憐さと美しい毛並みで「動く宝石」と呼ばれる

19世紀半ばにイギリス・ヨークシャー地方で、家屋を荒らすネズミ退治のためにつくられた犬種です。ヨーキーの愛称で親しまれ、テリアの中で最も人気があります。トリミングが必要です。

しつけの Point

ハウス、タッチングなどの基本訓練をやろう

気が強く頑固なので、ハウス・トレーニング（P47·72）やタッチング（P50·74）、リーダーウォーク（P99）などの基本訓練をしっかりと。おやつを使ったトレーニング（P80~93）がおすすめ。

マルチーズ

手入れのしやすさ	★★☆☆☆
しつけのしやすさ	★★★★☆
吠えやすさ	★★★★☆
運動量の多さ	★★☆☆☆
性格の穏やかさ	★★★☆☆

DATA

原産国●中央地中海沿岸地域　体高●20～24cm
体重●3.2kg以下　毛色●ピュアホワイト、タン、ベージュなど

真っ白な被毛が美しい、安定した人気の小型犬

愛玩犬としての歴史が長く、15世紀頃からはフランス貴婦人の間で寵愛を受け、日本でも1968年から1984年まで、登録犬のトップを誇っていました。

しつけの Point

子犬の頃からタッチングをしっかりと

毛が長くトリミングが必要なので、お手入れを素直にさせるように、子犬の頃からタッチング（P50·74）をしっかりと。甘がみや警戒吠えが多いので、ハウス・トレーニング（P47·72）で従属心を養うことも大切。

パピヨン

手入れのしやすさ	★★★★☆
しつけのしやすさ	★★★★☆
吠えやすさ	★★★★☆
運動量の多さ	★★★★☆
性格の穏やかさ	★★★☆☆

DATA

原産国●フランス、ベルギー　体高●28cm以下
体重●2.5～5kg　毛色●基本は白地。ホワイト＆レッド、ホワイト＆ブラウン、ホワイト＆ブラックなど

蝶のような大きな耳が愛らしい、優美な犬

スパニエルの一種が祖先で、王妃マリー・アントワネットが寵愛したことでも知られる人気の愛玩犬です。きゃしゃで物静かに見えますが、もの覚えがよく、運動能力も高いのが特徴。

しつけの Point

子犬の頃から社会化のトレーニングを

臆病なコが多いので、子犬の頃からさまざまな環境になれるよう、社会化のトレーニング（P56）をすることが大切。訓練しやすい犬種なので、オペラント技法によるトレーニング（P80~93）もやろう。

キャバリア・キング・チャールズ・スパニエル

手入れのしやすさ	★★★★
しつけのしやすさ	★★★★★
吠えやすさ	★★
運動量の多さ	★★★
性格の穏やかさ	★★★★

DATA

原産国●イギリス　体高●30～33cm
体重●5～8kg　毛色●ブレンハイム（赤と白）、トライカラー（白地に黒斑）、ルビーなど

明るくおっとりした性格で、誰とでもなかよしに

キング・チャールズ・スパニエルが中世の頃の面影を失ったことから、1828年に犬種本来のタイプを復活させる運動が起き、誕生したのがこの犬種。明るく、友好的で問題行動が少ないので、初心者でも飼いやすい種類です。

しつけの Point

友好的なので、楽しみながら訓練できる

従順で扱いやすいので、訓練しやすい犬種。基本のトレーニング（P72~79）のほか、オペラント技法によるトレーニング（P80~93）も楽しみながらできる。

イングリッシュ・スプリンガー・スパニエル

手入れのしやすさ	★★★
しつけのしやすさ	★★★
吠えやすさ	★★★
運動量の多さ	★★★★
性格の穏やかさ	★★★

DATA

原産国●イギリス　体高●約51cm　体重●22kg前後
毛色●ブラック＆ホワイト、レバー＆ホワイトなど

運動能力が高く、活動的な中型犬

鳥猟犬として活躍していた犬種で、独立心旺盛ですが飼い主には忠実。運動能力が高いので、散歩のほかに広くて安全な場所での自由運動もさせるとよいでしょう。

しつけの Point

頑固なコも多いので、服従訓練をきちんとしよう

友好的で明るい性質だが、キレやすく頑固なコも多い。ハウス・トレーニング（P47·72）、リーダーウォーク（P99）の基本訓練をしっかりやることが大切。オペラント技法によるトレーニング（P80~93）も有効。

アメリカン・コッカー・スパニエル

手入れのしやすさ	★
しつけのしやすさ	★★★
吠えやすさ	★★★
運動量の多さ	★★★★
性格の穏やかさ	★★★

DATA

原産国●アメリカ合衆国　体高●オス38.1cm前後、メス35.6cm前後　体重●オス13kg前後、メス12kg前後
毛色●ブラックまたはブラック以外の単色にタン・ポイントなど

遊びが大好きな、たれ耳が特徴の愛嬌者

1955年公開のディズニー映画『わんわん物語』で一躍人気犬種に。たれ耳がチャームポイントですが、汚れやすく毛玉になりやすいので、お手入れをしっかりと。

しつけの Point

基本訓練で、順位づけをしっかり築こう

大胆で明るい性格だが、頑固でキレやすい面もある。そのため問題行動が起こりやすいので、基本訓練をやることで順位づけを築くことが大切。子犬の頃からタッチング（P50·74）をしっかりやること。また、ハウス・トレーニング（P47·72）やリーダーウォーク（P99）、指示語のトレーニング（P80~93）も重要。

フレンチ・ブルドッグ

手入れのしやすさ	★★★★★
しつけのしやすさ	★★☆☆☆
吠えやすさ	★★☆☆☆
運動量の多さ	★★★☆☆
性格の穏やかさ	★★★☆☆

DATA

原産国●フランス
体高●30cm 前後　体重●8～14kg
毛色●フォーン（金色がかった色）、ブリンドル（褐色、黒などの混合色）にわずかな白斑

おちゃめな甘えん坊で、ピンと立った耳が印象的

飼い主や子どもに対して愛情が豊かで、社交的で活発。祖先は闘犬ですが、攻撃性はなくフレンドリーです。短毛種で体温調節が苦手なので、体温の上昇に気をつけてあげましょう。

しつけの Point

ほかの犬にならす訓練を子犬の頃からスタート

興奮しやすく吠えやすい面があり、ほかの犬が苦手なコが多い。これらを克服するために、子犬の頃からいろいろな環境にならしたり、ほかの犬に会わせるなど社会化のトレーニング（P56）をして、さまざまな経験をさせることが大切。

パグ

手入れのしやすさ	★★★★★
しつけのしやすさ	★★★★☆
吠えやすさ	★★☆☆☆
運動量の多さ	★★★☆☆
性格の穏やかさ	★★★★☆

DATA

原産国●中国　体高●25～28cm　体重●6.3～8.1kg
毛色●シルバー、アプリコット、ブラック、フォーンなど

コミカルな表情がかわいく、飼いやすい

パグとはラテン語でにぎりこぶしのこと。頭の形が似ていることから、この名がついたといわれています。天真爛漫で明るい性格で、吠えにくくかみグセも少ないので、初心者にもおすすめの犬種です。

しつけの Point

子犬の頃からタッチングをしっかりと

問題行動が少なく飼いやすいが、短頭種で体温調節が苦手なので、熱中症などに注意する。基本のしつけ（P72~79）と、オペラント技法による指示語のトレーニング（P80~93）で信頼関係を築こう。

ミニチュア・シュナウザー

手入れのしやすさ	★★☆☆☆
しつけのしやすさ	★★★☆☆
吠えやすさ	★★★★☆
運動量の多さ	★★★☆☆
性格の穏やかさ	★★☆☆☆

DATA

原産国●ドイツ　体高●30～36cm　体重●4.5～7kg
毛色●ブラック、ソルト&ペッパー、ホワイトなど

勇敢で活発なテリアの人気犬種

19世紀末にシュナウザーにアーフェンピンシャーを配してつくり出された犬種。農場で家畜の番やネズミとりなどに用いられていました。典型的なテリア気質で、賢く大胆で忍耐強い性格です。

しつけの Point

やや頑固なので、子犬の頃からしつけをしっかりと

神経質な面があり、ほかの犬に吠えやすいコが多い。犬となかよくできないことも多いので、子犬の頃から、いろいろな犬と会わせたり、接触させるなど社会化のトレーニング（P56）が大切。ハウス・トレーニング（P47·72）やリーダーウォーク（P99）など、基本の訓練もしっかりと。

柴

手入れのしやすさ	★★★
しつけのしやすさ	★★★
吠えやすさ	★★★★
運動量の多さ	★★★★
性格の穏やかさ	★★

DATA

原産国●日本　体高●35～41cm
体重●7～11kg　毛色●赤、胡麻、黒胡麻、赤胡麻、黒褐色。マズルの裏が白いのが特徴

忠誠心が強く、日本のみならず海外でも人気

天然記念物に指定されている、日本が誇る人気犬種。素朴でありながら、かわいさもあり、大きさも手頃です。これと決めた人に対しては忠誠心が強く、一途な性格です。

しつけの Point

ほかの犬と会う経験を多く積ませたい

オイデ（P88）の練習をしっかりして、飼い主がしっかり呼び戻しができるようにトレーニングを。子犬のころからタッチング（P50·74）や甘がみのトレーニング（P66）をしっかりやるほか、ほかの犬となかよくできないコが多いので、いろいろな犬と会わせる経験を積むことも大切。

ウェルシュ・コーギー・ペンブローク

手入れのしやすさ	★★★
しつけのしやすさ	★★★
吠えやすさ	★★★
運動量の多さ	★★★★
性格の穏やかさ	★★★

DATA

原産国●イギリス　体高●25～30cm　体重●9～12kg
毛色●レッド、セーブル、フォーン、ブラック＆タンなど

タフで運動能力も高く、お茶目な人気者

英国ウェールズで牛飼いの手伝いをしていた牧畜犬。エリザベス女王にも愛されている人気のある犬種です。短足胴長でキツネにも似た愛らしい顔が特徴。

しつけの Point

かみグセをつけないようにトレーニングを

もともと牛の足をかんで追い込む仕事をしていたため、かむ問題行動が起こりやすい。子犬の頃から、甘がみをやめさせるトレーニング（P66）をすることが大切。また、ハウス・トレーニング（P47·72）やリーダーウォーク（P99）で服従関係を養うことも重要。

シェットランド・シープドッグ

手入れのしやすさ	★★
しつけのしやすさ	★★★
吠えやすさ	★★★★
運動量の多さ	★★★★
性格の穏やかさ	★★★

DATA

原産国●イギリス（シェットランド諸島）　体高●33～40.5cm
体重●8～12kg　毛色●セーブル、トライカラー、ブルーマール、ブラック＆ホワイト、ブラック＆タンなど

家族思いで愛情深く、運動能力も知能も高い

イギリス最北端、シェットランド諸島原産の牧羊犬。明るく従順で、人間のいうことをよく理解します。吠える本能は強いのですが、温和で優しい性格です。

しつけの Point

しかるよりほめるトレーニングを心がけて

飼い主に対しては愛情深い反面、見知らぬ人にはうちとけにくく神経質なコが多い。柔軟性があるので、トレーニングするとよく吸収する。しかるより、ほめるトレーニングで自信をつけさせるのが好ましい。オペラント技法によるトレーニング（P80~93）が有効。

ゴールデン・レトリーバー

手入れのしやすさ	★★
しつけのしやすさ	★★★★
吠えやすさ	★★★
運動量の多さ	★★★★
性格の穏やかさ	★★★★

DATA

原産国●イギリス　体高●51～61cm
体重●25～34kg
毛色●ゴールド、クリーム系

温厚なので、大きくても室内で飼いやすい

19世紀後半に登場した犬種で、バランスがよく力強いボディで活動的。性格はやさしく友好的で知能、服従性ともに高いですが、子犬のときはやんちゃなコも多く見られます。

しつけのPoint

子犬のうちにコントロールできるように訓練を

大型犬で力が強くなるので、子犬のうちからしっかりコントロールできるようにトレーニングすることが大切。リーダーウォーク（P99）、オペラント技法によるトレーニング（P80~93）をしっかりやること。訓練はしやすい犬種。

ボーダー・コリー

手入れのしやすさ	★★★
しつけのしやすさ	★★★★
吠えやすさ	★★★★
運動量の多さ	★★★★
性格の穏やかさ	★★★

DATA

原産国●イギリス　体高●53cm 前後　体重●14～22kg
毛色●ブラック＆ホワイト、タン＆ホワイト、レッド＆ホワイト、ブルー＆ホワイトなど

運動神経がよく、聡明で知性の高い万能犬

8世紀後半に北欧のバイキングが英国に持ち込んだ、トナカイ用の牧畜犬がルーツ。運動欲求が高いので、散歩以外にもしっかり運動させてあげること。

しつけのPoint

呼び戻しがしっかりできるようにしておこう

もとは牧羊犬なので、早く動くものに対して追う習性がある。自転車や走っている人、ボールなどを追うので、呼び戻し（オイデ P88）ができるようにトレーニングを。ハウス・トレーニング（P47·72）、リーダーウォーク（P99）でしっかり服従心を養うことが大切。

ラブラドール・レトリーバー

手入れのしやすさ	★★★★
しつけのしやすさ	★★★★
吠えやすさ	★★
運動量の多さ	★★★★
性格の穏やかさ	★★★★★

DATA

原産国●イギリス　体高●54～57cm　体重●25～34kg
毛色●ブラック、イエロー、レバー、チョコレート

盲導犬としても活躍する、賢い大型犬

獲物の回収・運搬の仕事をこなしてきた使役犬で、盲導犬や救助犬として活躍しています。泳ぎも得意で、運動が大好き。気だてがよく、とても賢い犬です。また環境の変化にも柔軟に対応します。

しつけのPoint

子犬のうちにしっかりトレーニングを

ゴールデン・レトリーバーとの共通点が多く、大型犬なので、子犬のうちにしっかりトレーニングすることが大事。訓練性能が高いので、リーダーウォーク（P99）、オペラント技法によるトレーニング（P80~93）をしっかりやろう。

ウエスト・ハイランド・ホワイト・テリア

手入れのしやすさ	★★
しつけのしやすさ	★★
吠えやすさ	★★★★
運動量の多さ	★★★★
性格の穏やかさ	★★

DATA

原産国●イギリス　体高●約28cm
体重●7～10kg　毛色●ホワイト

独立心が強いが友好的な純白のテリア

立ち耳、立ち尾で、純白の毛に覆われた美しい小型犬です。自尊心が高く、いたずら好き。独立心が強く友好的。もともとは小獣用の猟犬として用いられていましたが、現在は愛玩犬として人気です。トリミングが必要。

しつけの Point

考えさせるトレーニングで、頭を柔軟にさせる

ガンコな面があるので、オペラント技法のように、考えさせるトレーニング（P80~93）をすることで、頭を柔軟にしながら訓練するとよい。

ジャック・ラッセル・テリア

手入れのしやすさ	★★★★
しつけのしやすさ	★★★
吠えやすさ	★★★
運動量の多さ	★★★★★
性格の穏やかさ	★★

DATA

原産国●イギリス　体高●25～30cm　体重●5～6kg
毛色●体のほとんどが白で、頭や背中などにブラックやタンが入る

タフで勇敢、活動的でハンター気質が強い

作出者ジョン・ラッセル牧師の名前がついた、運動能力がずば抜けたテリア。馬とともに走り、キツネを巣穴から追い出す体型が追及されていて、とてもエネルギッシュな性質です。

しつけの Point

遊び好きなので、遊びながら服従心を育てる

ガンコな犬種が多いテリアの中では、柔軟性が高い。オペラント技法では、エサでもおもちゃでも、両方使うことができる。一緒に遊びながら服従心を育てるオペラント技法によるトレーニング（P80~93）が効果的。

ワイヤー・フォックス・テリア

手入れのしやすさ	★★★
しつけのしやすさ	★★★
吠えやすさ	★★★
運動量の多さ	★★★★
性格の穏やかさ	★★

DATA

原産国●イギリス　体高●38～39cm　体重●7～8kg
毛色●ホワイト・ブラック＆タン、ホワイト・グレー＆タンなど

勝気で活動的。飼い主には愛情深い

名前のとおり、キツネ狩りをするために作られた犬種。エネルギッシュなので、運動をしっかりさせてあげましょう。独立心が旺盛ですが、飼い主家族にはよくなれます。定期的にトリミングを。

しつけの Point

ハウス・トレーニングなど基本のしつけをしっかりと

ガンコな面が強く、叱るとしょんぼりしやすい。活発に行動する面も。ハウス・トレーニング（P47･72）とリーダーウォーク（P99）をしっかりやること。また、オペラント技法でトレーニング（P80~93）しよう。

ミニチュア・ブル・テリア

手入れのしやすさ	★★★★★
しつけのしやすさ	★★☆☆☆
吠えやすさ	★★★☆☆
運動量の多さ	★★☆☆☆
性格の穏やかさ	★★☆☆☆

DATA

原産国●イギリス　体高●35.5cm以下
体重●11～15kg　毛色●ホワイト、ブラック・ブリンドル、レッド、フォーンなど

コミカルな見かけどおり、性格も陽気

テリアとブルドッグを祖先にもつブルテリアの小型種で、ネズミ退治に活躍していました。ブルドッグの気質を受け継いでいるため、他人やほかの犬に攻撃的になることもありますが、飼い主家族には従順です。

しつけのPoint

ガンコな面があるので、考えさせながら訓練を

飼い主など人とはよい関係になれるが、ほかの犬とはなかよくできないことが多い。ガンコな面があるので、オペラント技法によるトレーニング（P80~93）で、自分で考えさせながら訓練するとよい。

ビーグル

手入れのしやすさ	★★★★★
しつけのしやすさ	★★★☆☆
吠えやすさ	★★★★☆
運動量の多さ	★★★★☆
性格の穏やかさ	★★★★☆

DATA

原産国●イギリス　体高●33～40cm　体重●7～12kg
毛色●ホワイトとブラックとタンのハウンド・カラー

スヌーピーのモデルになった遊び好きな犬

野ウサギ狩りに活躍していた犬種で、歴史は古く祖先犬は紀元前にまでさかのぼります。活発でスタミナがあり、用心深く、賢く穏やかな性格です。成犬になっても子どものようにじゃれて遊ぶのが好きです。

しつけのPoint

タッチングを子犬の頃からしっかりと

体をさわられるのを嫌がるコが多いので、子犬の頃からしっかりタッチング（P50·74）の練習を。警戒吠えやかむ問題行動が起こりやすいが、ハウス・トレーニング（P47·72）や指示語の訓練（P80~93）が有効。

ミニチュア・ピンシャー

手入れのしやすさ	★★★★★
しつけのしやすさ	★★★☆☆
吠えやすさ	★★★☆☆
運動量の多さ	★★★☆☆
性格の穏やかさ	★★☆☆☆

DATA

原産国●ドイツ　体高●25～30cm　体重●4～6kg
毛色●ブラック＆タン、チョコレート＆タンなど

小型犬だけど、大型犬並みにパワフル

18世紀頃、スカンジナビア半島にいた小型のピンシャーを、さらに小型化させて作出された犬種。活発で元気がよく、人なつっこい性格なので、飼い主とよい関係を築くことができます。

しつけのPoint

小さいからといって甘やかしは禁物

自信に満ちた性格だが、神経質でびびりの性格のコが多いので、子犬の頃からの社会化の訓練（P56）が重要。小さいからと甘やかさず、飼い主に助けを求めてきたときも、無視して、自力で解決させることが大切。

イタリアン・グレーハウンド

手入れのしやすさ	★★★★★
しつけのしやすさ	★★★
吠えやすさ	★★
運動量の多さ	★★★
性格の穏やかさ	★★★★

DATA

原産国●イタリア　体高●32〜38cm　体重●5kg以下
毛色●ブラック、グレー、スレート・グレー、イエローなどの単色と、これらの色に白がまじったもの

スマートな容姿で、内気ではにかみ屋さん

視覚で狩りをするサイトハウンドの中では、もっとも小さな犬種です。スマートな容姿、広く厚い胸はタフであることの証し。寒さに弱いので、冬は暖房などを工夫してあげましょう。

しつけの Point

子犬期に社会化の訓練をしっかりと

控えめな性格で、愛情豊か。従順な性格だが、怖がりなので、子犬期の社会化の訓練（P56）をしっかりやり、いろいろな環境にならすことが大切。

バセンジー

手入れのしやすさ	★★★★★
しつけのしやすさ	★★
吠えやすさ	★
運動量の多さ	★★★
性格の穏やかさ	★★★

DATA

原産国●中央アフリカ　体高●40〜43cm　体重●9.5〜11kg
毛色●レッド＆ホワイト、ブラック＆ホワイト、トライカラーなど

「吠えない犬」として知られるアフリカ古代犬種

古代エジプト王朝で飼育され、その後はコンゴのピグミー族の狩猟に使われていました。「めったに吠えない」といわれますが、変わった声を出します。きれい好きで、他人に対してよそよそしい一面も。

しつけの Point

しつけには時間と根気が必要

表情が乏しいので、気持ちを読みとりにくい。カーミングシグナル（P22）から犬の気持ちを知ることが大切。社会化の訓練（P56）と、オペラント技法による訓練（P80~93）が有効。

ミックス

それぞれ違う個性を楽しんで、いい面を見つけて育てていこう

ミックスとはいわゆる「雑種」のことです。純血種と違い、成犬になったときの姿がイメージしづらいので、両親がわかれば性格や特徴を聞いておくと、参考になるかもしれません。性格については、純血種どうしの雑種の場合は、それぞれの性格が出やすくなります。

犬種に対してのこだわりがないなら、世界に1匹だけのオンリーワンな犬を迎え入れるのもおすすめです。ミックス犬の場合も、基本のトレーニング（P72~79）をしっかりやり、オペラント技法によるトレーニング（P80~93）を練習しましょう。

監修者紹介

佐藤真貴子（さとう　まきこ）

㈳ジャパンケネルクラブ公認訓練士。㈳日本警察犬協会公認訓練士。ドッグトレーニングCREA（クレア）主宰。大学卒業後㈱オールドッグセンターに入社。カリスマ訓練士として名高い藤井聡氏のもと、訓練全般の教育を受け、日本訓練士養成学校の指導員として訓練士の養成に携わる。国内のさまざまな訓練競技会に出場。現在、埼玉県の動物愛護推進員、埼玉県警察本部の警察犬指導手。主宰するドッグトレーニング CREA では、家庭犬のしつけや問題行動の矯正を積極的に行なっている。

取材・撮影協力

- 青沼陽子（獣医師・東小金井ペットクリニック院長）
  URL：http://pet-clinic.info/
- 木村理恵子（ドッグデザイナー・トリミングサロン「D-PLACE」店長）
  URL：http://www.d-place.jp/

STAFF

- 編集制作　小沢映子（ガーデン）
- 本文デザイン　清水良子（アール・ココ）
- 撮影　中村宣一・宮野明子
- イラスト　エダりつこ・千原櫻子・中山三恵子
- ライター　宮野明子・山崎陽子
- 企画・編集　成美堂出版編集部（駒見宗唯直）

撮影に協力してくれたワンコたち

- 仲野マラドーナ・あおい・このみ・マカロン
- 江口ガロ
- 片柳花子
- 竹原ルル
- 波多野マーチ
- 小関ルーク
- 安藤アポロ
- 坂本日向
- 小松プティ
- 斉藤エア
- 田中ローラ
- 山田コーディ
- 大野ジェス
- 長岡しのぶ
- 内田ナナ
- 津田メグ
- 熊谷こたろう・なつ・はる
- 大和田アリス
- ジェームス・クーチェ
- 中川ジャッキー
- 浦野りん・風太
- 日高縁・貴
- 小林ポンタ
- 宮崎つばき
- 高橋スキップ
- 大石バロン
- 満尾ゆめ
- 鈴木パセリ
- 青沼菜の花
- 村上ピノ
- 井上マルク・レン
- 末広おくら・ピノコ・ねずみ
- 林ヴィゴ
- 松尾むむ・くう
- 石川ピクシー・うらら・いりす
- 大堀ルーク
- 木場メイ・ルカ
- 関野キャプテン
- 高畠サヴァ・ノヴァ
- 根崎ミント
- 島田ケビン
- 根崎ココ・クウタ
- 佐竹ミエル
- 木村モニカ・アグロ・キャンティ・マリブ・ピニャ
- 中野鈴・玲音
- 鈴木パモス
- 岡田ルブタン
- 山﨑みづき
- 新海ジャック
- GRAN BLUE 犬舎の子犬たち
- Poo&Dachs の子犬たち

室内犬の飼い方・しつけ方BOOK

監　修　佐《さ》藤《とう》真《ま》貴《き》子《こ》

発行者　深見公子

発行所　成美堂出版

〒162-8445　東京都新宿区新小川町1-7

電話(03)5206-8151　FAX(03)5206-8159

印　刷　共同印刷株式会社

ISBN978-4-415-31713-7

落丁·乱丁などの不良本はお取り替えします

定価はカバーに表示してあります